云计算与虚拟化技术丛书

| 原书第2版 |

精通Veeam Backup & Replication

Mastering Veeam Backup & Replication
Second Edition

[美] 克里斯·奇尔德霍森（Chris Childerhose）◎著　卢浩 陈新 熊家军 高燕 胡磊◎译

机械工业出版社
CHINA MACHINE PRESS

Chris Childerhose：*Mastering Veeam Backup & Replication, Second Edition*（ISBN: 978-1803236810）.

Copyright © 2022 Packt Publishing. First published in the English language under the title "Mastering Veeam Backup & Replication, Second Edition".

All rights reserved.

Chinese simplified language edition published by China Machine Press.

Copyright © 2023 by China Machine Press.

北京市版权局著作权合同登记　图字：01-2022-4634 号。

图书在版编目（CIP）数据

精通Veeam Backup & Replication：原书第2版/（美）克里斯·奇尔德霍森（Chris Childerhose）著；卢浩等译. —北京：机械工业出版社，2023.5

（云计算与虚拟化技术丛书）

书名原文：Mastering Veeam Backup & Replication, Second Edition

ISBN 978-7-111-72740-8

Ⅰ. ①精… Ⅱ. ①克…②卢… Ⅲ. ①数据管理 Ⅳ. ①TP309.3

中国国家版本馆CIP数据核字（2023）第040056号

机械工业出版社（北京市百万庄大街22号　邮政编码100037）
策划编辑：刘　锋　　　　　　责任编辑：刘　锋　冯润峰
责任校对：李小宝　梁　静　　责任印制：郜　敏
三河市宏达印刷有限公司印刷
2023 年 5 月第 1 版第 1 次印刷
186mm×240mm·14.25印张·306千字
标准书号：ISBN 978-7-111-72740-8
定价：89.00元

电话服务　　　　　　　　　　网络服务
客服电话：010-88361066　　　机 工 官 网：www.cmpbook.com
　　　　　010-88379833　　　机 工 官 博：weibo.com/cmp1952
　　　　　010-68326294　　　金 书 网：www.golden-book.com
封底无防伪标均为盗版　　机工教育服务网：www.cmpedu.com

ForeWord 推荐序

数据被誉为数字时代的石油，是企业在数字时代最核心的资产。在企业数字化转型过程中，云和多云的形态越来越多地成为企业数据资产的载体，企业如何保证通过数据来可靠地支撑业务连续、合规管理，并安全地使用数据、保证数据的弹性，现在已经不仅是企业自身面临的挑战，而且越来越成为区域、国家，乃至整个社会在法律、法规、政策等层面协调发展的一个重大工程。

Veeam 作为数据保护领域新兴的领导者，其解决方案 Veeam Backup & Replication 所独具的数据安全性、数据可恢复性以及数据流动性，为众多的客户所信赖。本书的作者并非 Veeam 公司的员工，而是深耕数据保护领域的独立技术大咖和 Veeam 产品的使用者，这足以证明 Veeam 数据保护解决方案在当前数字化浪潮中的受欢迎程度。然而更让我吃惊的是，机械工业出版社及译者能以独到的眼光将其引入国内并本地化，让国内专注于数据保护和数据安全的专业技术人士能更轻松地认识 Veeam Backup & Replication，快速熟悉并掌握 Veeam Backup & Replication 的架构设计、部署和使用，从而帮助 Veeam Backup & Replication 的使用者快速形成数字化生产力。

本书的译者既是 Veeam 产品的使用者，也是云技术和数据保护领域的专家。因此在翻译过程中，译者并不是简单地根据原版直译，而是结合自身对云和数据保护领域的独到见解和实践经验，更加精准地完成了本书的本地化。

数据是有边界的，但科技是无疆界的，知识共享和技术分享是促进科技进步的最有效方式。感谢机械工业出版社和译者帮助我们跨越语言的障碍，将新的技术介绍和呈现给我们。

马弘

CISSP、CISA、ISO27001、ITIL

译者序 *The Translator's words*

在飞速发展的信息时代，数据作为信息的载体，其价值及其在信息系统中的核心地位毋庸置疑，其安全性也应当得到足够的重视。数据安全是信息安全领域的重要组成部分，相比易于建设的硬件设备设施，数据的损坏、丢失所带来的影响往往是灾难性的。

译者在数十年的从业经历中接触过许多相关案例，从软盘、U 盘、移动硬盘故障导致数据无法读取，到服务器磁盘阵列损坏，乃至 FC-SAN、分布式存储系统数据异常，更不用说近些年日益猖獗的勒索病毒对用户数据的全面破坏。用户蒙受数据损失后追悔莫及、欲哭无泪的场景历历在目，这样的场景每次都会警醒我，数据安全问题再怎么强调，再怎么重视都不为过。

截至 2022 年底，作为连续六次被评为 Gartner 企业数据备份和恢复软件解决方案魔力象限领导者的产品，Veeam Backup & Replication（Veeam 备份与复制，简称 Veeam B&R 或 VBR）与 Veritas、Symantec、Commvault 等传统老牌数据备份厂家的产品不同，它从创立之初就主要定位于云计算及云原生环境的数据备份与安全保障。由于工作中有大量 VMware ESX/ESXi 环境的虚拟机需要备份，译者在十余年前首次接触 Veeam B&R v7 时，留下的突出印象就是一个字——快，同等条件下其备份速度超出同类产品数倍乃至十余倍。Veeam B&R 是一款秀外慧中的产品，拥有简洁明快、充满设计感的用户界面。用户刚开始接触时可能会觉得其界面过于简洁，在熟悉后就会明白，其设计哲学并非将所有功能堆砌在同一界面中一次性展示出来，而是根据用户的具体操作步骤和应用需求，分场景、分阶段逐一呈现。

除了备份效率高之外，让我对 Veeam B&R 情有独钟的主要原因是它紧跟行业与技术的发展趋势，各种能有效满足用户迫切需求的强大功能不断推陈出新。包括基于其独有的 vPower NFS 技术，直接从备份文件中启动虚拟机，从而实现的业界首个 Instant VM recovery（虚拟机即时恢复）功能，其对广泛的存储设备、操作系统、云计算和云原生平台的支持，以及在 Veeam B&R v11 中推出的支持秒级 RTO、RPO 的 CDP（连续数据保护），配合更新后的 3-2-1-1-0 规则，以有效防御勒索病毒的不可变存储支持等诸多功能和特性。Veeam 产品持续的功能增强、性能优化，以及全面的软硬件平台支持，使得部署 Veeam

B&R 并按照 3-2-1-1-0 规则实施后的信息系统的数据拥有充分、高度可靠的安全保障，同时将业务中断的可能性降到最低，从而让信息系统的效益最大化。

  译者在翻译本书时除了力求语言通俗简练、内容准确无误之外，对涉及的专业术语也反复斟酌、查证、权衡，并征求了 Veeam 原厂技术人员等经验丰富的业内工程师们的意见、建议，努力做到让读者阅读时能有术语规范、语言流畅之感。但是，由于信息技术发展及更新非常快，某些术语并无标准统一的名称。例如，对于 Cluster 一词，VMware、Veeam 的官网都称之为"集群"，而微软官网则称之为"群集"，日常工作中大家对其称呼也与此类似，两者皆有。译文中对名称不统一的术语，通常结合中英对照的方式，在主流中文名称的基础上给出相应说明，以供读者参考。

  在本书的翻译过程中，译者得到了 Veeam 中国区资深技术顾问高超、Veeam 中南地区金牌技术服务中心技术骨干陈江等工程师的大力协助，机械工业出版社的编辑也给予了耐心的指导和帮助，在此深表感谢！此外，没有家人对我们的理解、包容和不断鼓励，本书的翻译也不可能完成。

  数据备份、系统容灾与 CDP 所涉及的远不止一套软件平台，还关系到信息系统基础设施和应用平台的方方面面，从机房动力环境系统到网络交换机、服务器、存储等设备设施，从各类操作系统到基础软件平台乃至纷繁多样的应用软件，还包括系统的数据安全和业务的持续可靠运行。运用优秀的专业软件系统平台，能以最便捷的方式和最低的总体成本，实现最安全、可靠、高效的信息系统管理与维护，这是我们最终的目的，也是坚持与努力的方向。

  限于译者水平，翻译中难免有不妥及错漏之处，恳请广大读者批评指正。

卢浩

2023 年 1 月，于武汉

前 言 *Preface*

Veeam 是业界领先的现代数据保护解决方案厂商之一，运用其技术能有效保护虚拟化信息系统环境。本书不仅可以帮助你通过 Veeam 为云和虚拟化基础架构实现现代化的数据保护解决方案，而且可以深入了解相关的高级概念，如连续数据保护（Continuous Data Protection，CDP）、不可变存储（Immutable Repository）、即时恢复（Instant Recovery）、Veeam ONE 和 Veeam 灾难恢复编排器（Veeam Disaster Recovery Orchestrator，VDRO）。

本书读者对象

本书适用于对 Veeam 和相关主题有一定了解的 VMware 管理员或备份管理员。阅读本书需要了解虚拟化和备份的基本概念，以便理解各章所讨论的内容。大多数用户都会期望实施书中所讨论的那些主题和内容，并研究 Veeam ONE，从而对他们的信息系统基础设施进行有效监控或生成报告，然后将 Veeam Disaster Recovery Orchestrator 用于灾难恢复（Disaster Recovery，DR）场景。

本书涵盖的内容

第 1 章将介绍 Veeam Backup & Replication 的安装和升级。这部分内容将参考 Veeam 的最佳实践网站介绍如何设置诸如备份服务器、备份代理服务器和存储库等内容，并在 VBR 安装和升级完成后，进一步介绍如何添加存储库服务器和备份代理服务器。

第 2 章将讨论至关重要的 3-2-1-1-0 备份规则，这指的是三份数据副本，在两种不同的存储介质上，一份异地副本，一份离线物理隔离 / 不可变副本，并有经过验证的零错误的备份。我们将讨论保持数据安全的重要性，而采用这个规则是实现数据安全的最佳途径之一，然后探讨某些可用的不同类型的存储介质和存储服务，包括 Air-Gapped（物理隔离）保护的磁带等。

第 3 章将展示并讨论 Veeam B&R v11 的最新功能 CDP 及其部署需求。

第 4 章将深入探讨强化后的存储库及创建它们的最佳实践，讨论部署过程中所使用的一次性凭据及它们对安全性的改善，并分析除了初始部署时用到之外，SSH 为何不再是必须的；然后介绍不可变的备份存储库，通过这种机制来保护现场数据（Onsite Data）免受黑客攻击，且做到数据安全性合规。

第 5 章将深入探讨 Veeam B&R v11 在备份方面的所有增强功能。这部分内容将探讨备份作业、备份拷贝作业、恢复以及其他内容，并简要介绍哪些增强功能有助于改善信息系统环境，然后进一步对它们进行研究。

第 6 章将讨论对象存储最新支持的容量层和归档层分层特性，以及它们如何有助于降低成本。这里将讨论怎样在 Veeam 中配置和使用这些新支持的特性、采用 Amazon S3 Glacier 和基于策略分流（亦称策略卸载）的不可变备份存储，以及基于成本优化考虑的归档技术和归档层的灵活存储方法。

第 7 章将深入探讨 Veeam B&R v11 中备份代理的功能改进。本章将讨论组织如何从这些新增功能中受益、永久性数据传输器和强化的安全性，以及 Veeam 如何使用基于证书的认证而不是在通信过程中保存用户凭据。

第 8 章将讨论新的针对 Microsoft SQL Server 和 Oracle 数据库的即时恢复功能，以及新的用于快速文件访问的即时 NAS 发布特性。最后，我们还将探讨将任意来源的备份数据恢复到微软 Hyper-V 虚拟化环境的即时恢复功能，从而使得备份数据的可移植性更强。

第 9 章将讨论 Veeam Availability Suite（Veeam 可用性套件）的监控报告工具——Veeam ONE。我们将学习其新增的功能，如 CDP 监控、用于 Mac 的 Veeam Agent（Veeam 客户端代理），以及新的用户界面，了解对 Veeam Backup & Replication 系统支持所做的许多改进，并关注其他的特性更新，如对 VMware vSphere 7 Update 1、vCloud 10.2、Windows 10 20H2 和 Windows Server 20H2 系统的支持等。

第 10 章将介绍 Veeam 的灾难恢复编排工具——Veeam Disaster Recovery Orchestrator。我们将讨论如何使用 Veeam Disaster Recovery Orchestrator 来帮助企业完成 DR 操作演练，内容包括 DR 编排、自动化 DR 测试，以及怎么样才有助于达成 DR 合规性要求，此外，也将介绍 Veeam Disaster Recovery Orchestrator 是如何让组织从中受益的。

预备知识

读者需具备 6 个月以上的 Windows/Linux 服务器和 VMware 虚拟化的实践经验和知识，如果能熟练地完成服务器部署、配置服务器存储任务，那就再好不过了。读者还应当具备一些数据备份的知识，并且已经使用过 Veeam——即使只做些基本的任务，因为书中有许多主题涉及 Veeam Backup & Replication 的高级功能。

书中涉及的软件 / 硬件	操作系统要求
Veeam Availability Suite 和 Veeam Disaster Recovery Orchestrator	Windows

在开始阅读之前，还需准备好 Windows Server 系统环境，以安装 Veeam Backup & Replication、Veeam ONE 和 Veeam Disaster Recovery Orchestrator。Veeam Availability Suite 和 Veeam Disaster Recovery Orchestrator 的 ISO 文件和试用许可证可以从 http://www.veeam.com 网站下载。

About the Author 作者简介

Chris Childerhose 是一位信息技术专业人士，在网络／系统架构、网络和系统管理以及技术支持方面有超过 26 年的经验。他是 Veeam Vanguard/Veeam Legend 成员，是 Veeam 认证架构师（Veeam Certified Architect，VMCA）和 Veeam 认证工程师（Veeam Certified Engineer，VMCE）。他还拥有以下认证：vExpert、VCAP-DCA、VCP-DCV 和 MCITP。Chris Childerhose 目前在 ThinkOn 担任首席基础架构师，为客户服务系统设计 IT 基础架构。Chris 也是一位高产的博客作者，关注所有和虚拟化有关的技术，特别是关于 Veeam 和 VMware 方面的内容。

写作比我预想中更具挑战性，也更有成就感，第 2 版的创作依然是一个相当艰巨的任务。如果没有我的妻子 Julie，这一切都不可能完成。她伴随着我度过了写作过程中的每一次挣扎和进展，包括许多个夜晚。我可以和她畅谈写作的过程和进度，她始终激励着我，我永远感谢她。

尤其要感谢 Veeam 公司的 Rick Vanover，他无私地抽出时间对本书的所有章节进行了技术审核。我对他的感谢难以用言辞来表达，他从个人视角帮助 Veeam 产品用户创作了关于 Veeam 的第二本书，感谢他这种令人感动的无私奉献精神。

目 录 *Contents*

推荐序
译者序
前言
作者简介

第一部分 安装——最佳实践和优化

第 1 章 安装、升级 Veeam ············· 2

1.1 技术要求 ··········· 2
1.2 理解安装 Veeam 的最佳实践
　　及其优化 ··········· 3
1.3 学习备份代理服务器配置与调优···· 11
1.4 掌握正确配置备份存储库
　　服务器的方法 ········· 14
1.5 探究扩展式备份存储库 ········ 15
1.6 将 Veeam Backup & Replication
　　升级到 v11a ········· 22
　　小结 ············· 28

第 2 章 3-2-1-1-0 规则——确保
　　　　 数据安全 ··········· 29

2.1 技术要求 ··········· 29
2.2 Veeam 产品战略总监 Rick Vanover
　　如是说 ············ 29

2.3 理解什么是 3-2-1-1-0 规则 ········ 30
2.4 学习将 3-2-1-1-0 规则应用于
　　备份作业 ··········· 31
2.5 探究最适合 3-2-1-1-0 规则的
　　存储介质 ··········· 34
　　2.5.1 方案 1 ········· 36
　　2.5.2 方案 2 ········· 38
　　2.5.3 方案 3 ········· 39
　　2.5.4 方案 4 ········· 41
　　2.5.5 方案 5 ········· 44
　　小结 ············· 45

第二部分 CDP 和不可变性——
　　　　　 强化的存储库、备份及对象存储

第 3 章 CDP——连续数据保护 ·····48

3.1 技术要求 ··········· 48
3.2 理解什么是 CDP ·········· 48
　　3.2.1 备份服务器——Veeam CDP
　　　　　协同服务 ········· 49
　　3.2.2 带 I/O 过滤器的源主机和
　　　　　目标主机 ········· 50

3.2.3　CDP 代理 ················ 51

3.2.4　CDP 策略 ················ 51

3.3　部署 CDP 的要求和限制 ········ 51

3.3.1　部署 CDP 的要求 ········ 51

3.3.2　部署 CDP 的限制 ········ 52

3.4　理解 CDP 的 I/O 过滤器及其配置··· 52

3.5　掌握 CDP 代理及其设置 ········· 56

3.6　探究复制过程中的 CDP 策略 ··· 64

小结 ································· 72

延伸阅读 ····························· 72

第 4 章　不可变性——强化的存储库 ··· 73

4.1　技术要求 ······················· 73

4.2　理解强化的存储库 ··············· 73

4.3　学习 Veeam 强化的存储库的配置··· 75

4.4　掌握消除服务器 SSH 依赖的方法 ··· 83

4.5　探究备份作业的配置以利用强化
的存储库的不可变性 ··········· 84

小结 ································· 88

延伸阅读 ····························· 88

**第 5 章　增强的备份功能——作业、
拷贝作业、恢复等** ········ 89

5.1　技术要求 ······················· 89

5.2　理解备份作业的增强功能和
新特性 ··························· 89

5.2.1　高优先级作业 ·········· 90

5.2.2　后台 GFS 保留 ·········· 91

5.2.3　孤立的 GFS 备份文件保留 ··· 91

5.2.4　改进已删除虚拟机的保留功能 ··· 91

5.3　学习备份拷贝作业的新功能 ······ 91

5.3.1　基于时间的 GFS 数据保留 ····· 92

5.3.2　GFS 完全备份创建时间 ··· 92

5.3.3　取消季度备份 ············ 93

5.3.4　将存储库作为数据源 ······ 93

5.3.5　每日保留策略 ············ 95

5.4　掌握 Linux 目标恢复操作及
更广泛的平台支持 ············· 96

5.4.1　支持 Linux 作为备份目标 ······· 96

5.4.2　不需要辅助虚拟机的 Linux FLR ··· 96

5.4.3　Linux FLR 性能改进 ······· 96

5.4.4　更广泛的平台支持 ········ 97

5.5　探究备份资源浏览器及其他
功能改进 ······················· 98

小结 ································· 99

延伸阅读 ····························· 100

**第 6 章　广泛的对象存储支持——
容量层和归档层** ········· 101

6.1　技术要求 ······················· 101

6.2　理解新的对象存储容量层和
归档层 ·························· 101

6.3　学习对象存储容量层和归档层
配置 ···························· 104

6.4　掌握 Amazon S3 Glacier 的
不可变性及策略分流 ·········· 112

6.5　探究通过归档层实现归档和存储
的成本优化 ····················· 113

小结 ································· 114

延伸阅读 ····························· 114

**第三部分　Linux Proxy 改进、即时
恢复、Veeam ONE 和 Orchestrator**

第 7 章　Linux Proxy 功能改进 ······· 116

7.1　技术要求 ······················· 116

7.2 理解 Linux Proxy 的功能改进
和 v11a 中的更新·············· 116

7.3 学习如何运用最新的功能改进······ 118
　7.3.1 Linux Proxy 支持物理机、
　　　　虚拟机······················ 118
　7.3.2 支持更多传输模式——NBD、
　　　　Direct SAN 和 Hot-Add······ 119
　7.3.3 从存储快照备份············ 121
　7.3.4 支持快速回滚 /CBT 恢复······ 121
　7.3.5 永久性数据传输器部署········ 121
　7.3.6 强化数据传输器安全性········ 122
　7.3.7 基于证书而非保存的 Linux
　　　　凭据认证····················· 122
　7.3.8 新增 EC 加密——如 Ed25519
　　　　或 ECDSA 等基于 EC 的 SSH
　　　　密钥对····················· 122

7.4 掌握强化安全的永久性数据
传输器···························· 122

7.5 探究凭据取代证书的趋势·········· 123

7.6 后续 Linux 支持及发展——
Rick Vanover 的展望·········· 124

小结······························· 124

延伸阅读··························· 125

第 8 章　掌握即时恢复············· 126

8.1 技术要求························ 126

8.2 了解即时恢复的要求和先决条件··· 126

8.3 理解即时恢复的定义············· 128

8.4 学习即时恢复的过程和步骤······· 130

8.5 掌握即时恢复的迁移和取消操作··· 140

8.6 探究 Veeam Backup & Replication
v11a 的更新···················· 144
　8.6.1 Microsoft SQL Server 和 Oracle
　　　　数据库即时恢复·············· 145

8.6.2 即时文件共享恢复·············· 148
8.6.3 即时恢复任意备份到
　　　 Microsoft Hyper-V·············· 151

小结······························· 154

延伸阅读··························· 155

第 9 章　Veeam ONE v11a 介绍······· 156

9.1 技术要求························ 156

9.2 理解 Veeam ONE——概况·········· 156
　9.2.1 单服务器架构——典型部署····· 158
　9.2.2 分布式服务器架构——高级
　　　　部署····················· 158

9.3 学习 Veeam ONE——安装和配置··· 160

9.4 掌握 Veeam ONE 监控——vSphere、
vCloud 和 Veeam················ 168

9.5 掌握 Veeam ONE 的报告功能······· 173

9.6 掌握用 Veeam ONE 排除故障
的方法··························· 177

9.7 探究 Veeam ONE v11a 的新特性···· 179
　9.7.1 新增的主要功能·············· 179
　9.7.2 加强对 Veeam Backup &
　　　　Replication 的支持·············· 180
　9.7.3 其他功能改进·············· 180

9.8 了解 Veeam ONE 社区资源········· 181

小结······························· 181

延伸阅读··························· 182

**第 10 章　Veeam Disaster Recovery
　　　　　Orchestrator 介绍**·········· 183

10.1 技术要求························ 183

10.2 理解 Veeam Disaster Recovery
Orchestrator 的定义·············· 184

10.3 部署 Veeam Disaster Recovery

　　　　Orchestrator 的先决条件 ············ 188

10.4　掌握 Veeam Disaster Recovery

　　　　Orchestrator 的配置方法 ········· 197

10.5　掌握基于编排计划的 DR 实施····· 200

10.6　探究脚本、报告和仪表板········· 207

10.6.1　脚本················· 207

10.6.2　报告················· 208

10.6.3　仪表板················· 210

小结 ················· 212

延伸阅读 ················· 212

安装——最佳实践和优化

本部分内容包括安装和升级 Veeam 的最佳实践及优化方法，以及用于数据安全防护的 3-2-1-1-0 备份规则。学完本部分内容之后，你将掌握如何将最佳实践和优化方法运用到 Veeam 软件的安装过程中。

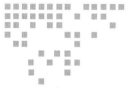

第 1 章

安装、升级 Veeam

Veeam Backup & Replication v11a 是 Veeam Availability Suite（Veeam 可用性套件）的一部分，后者面向现代数据中心，使其能够备份各种类型业务负载的数据，包括云、**虚拟机**、**物理机**和应用程序。它既简洁又灵活，可以满足最具挑战性的环境需求。本章将讨论如何安装和升级该软件、Veeam Backup & Replication v11a 由哪些组件组成，以及一些最佳实践和优化方法。本章内容还包括对构成 Veeam 环境的特定元素进行优化的实际案例。这里还会涉及一些网站，如 Best Practices Guide for Veeam（Veeam 最佳实践指南）等，这些资源可帮助你在自己的系统环境中对 Veeam 进行配置。正如他们对 Veeam 的评价——"它确实管用"。

1.1 技术要求

为确保成功安装 Veeam Backup & Replication，需要进行以下准备：

❑ 部署一台安装了 Windows Server 2019/2022 的服务器，并有足够的磁盘空间来安装该应用程序（目前也支持 Windows Server 2008 R2 SP1），同时还支持 Windows 10 和其他比较新的 Windows 桌面操作系统。

❑ 从 www.veeam.com 上下载最新的 ISO 文件，本操作需要在该网站上注册并获取一个试用许可证。在写作本书的时候，其版本是 11.0.1.1261_20210923。

❑ 打开 Veeam Best Practices（Veeam 最佳实践）网站：`https://bp.veeam.com/vbr/`。

❑ 打开 Veeam Documentation（Veeam 文档）网站：`https://helpcenter.veeam.com/docs/backup/vsphere/overview.html?ver=110`。

1.2　理解安装 Veeam 的最佳实践及其优化

Veeam Backup & Replication v11a 的安装是一个简单明了的过程。直接安装即可，如果没装好，则会导致组件不能正常工作和性能不佳等问题。无论如何，只要正确地安装了 Veeam，仅需进行极少的配置操作即可用它实现对数据和环境的保护。本节将介绍安装过程，以及针对你的系统环境的最佳实践和优化。

安装 Veeam Backup & Replication v11a

安装 Veeam 之前，你需要确保已经部署了一台服务器，可以是 Windows Server 2019 或 2022 系统，且有足够的磁盘空间用于安装。

> **注意**　Veeam 将把默认备份存储库配置在拥有最多剩余磁盘空间的驱动器（盘符）上，无论是 OS（操作系统）所在驱动器、Application（应用程序）所在驱动器，还是 Catalog（目录）数据所在驱动器。

服务器系统的磁盘布局应该类似下面这样：
- ❑ 操作系统驱动器：这是 Windows 操作系统所在的地方，该驱动器应只作此用途。
- ❑ 应用程序驱动器：这是用于安装 Veeam 及其所有组件应用程序的驱动器。
- ❑ 目录驱动器：Veeam 会用到目录功能，该功能每 100 个虚拟机将产生约 10GB 的数据，用于备份文件索引。如果部署的是规模可观的备份存储库，则建议为目录文件夹分配一个独立的驱动器。

一旦服务器准备好了，并且已经下载好 ISO 文件并将其挂载（将 ISO 文件挂载为虚拟光驱，Windows 10、Windows Server 2016 及以上版本系统均内置了挂载 ISO 文件的功能），请按照以下步骤来安装 Veeam：

1. 在 Windows 资源管理器中，点击挂载 ISO 后对应虚拟光驱所在的驱动器，并运行 setup.exe 文件，如图 1.1 所示。
2. 单击界面左侧 Veeam Backup & Replication v11a 区域下的 Install 按钮或右侧对应独立组件下的 Install 链接。
3. 软件会提示需要安装 Microsoft Visual C++ Runtime（VC++ 运行时库），单击 OK。VC++ 运行时库安装完毕以后，可能会提示需要重新启动服务器，单击 YES 按钮继续。

图 1.2 显示了 Visual C++ Redistributable（VC++ 分发包，作用类似上述 Runtime 库）的安装请求。图 1.3 是 Visual C++ Redistributable 安装完成后出现的 Reboot 选项。

> **注意**　重新启动操作系统之后，进行后续安装步骤时，可能需要重新挂载原 ISO 文件。

4. 这时，可以看到 License Agreement（许可协议）窗口，此处需要勾选两个复选框，然后单击 Next 按钮继续。

图 1.1　主安装界面

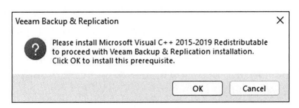

图 1.2　安装 Microsoft Visual C++ 运行时库

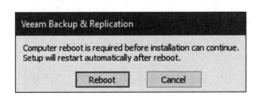

图 1.3　安装 Microsoft Visual C++ 运行时库后的重新启动提示界面

5. 此时需要提供一个有效的许可证文件，购买的许可证或试用的许可证都可以。如果当前没有这个许可证文件，那么可以单击 Next 按钮先继续安装过程，Veeam 将以免费的 Community Edition（社区版）状态运行。后续获得许可证文件后，可在应用程序内单击 License 菜单安装许可证，如图 1.4 所示。

6. 接下来的界面用于选择要安装哪些组件以及安装在哪个文件夹下。Veeam 建议勾选所有组件：

❑ Veeam Backup & Replication：主应用程序。

❑ Veeam Backup Catalog：在备份作业中启用客户机操作系统索引时会用到。

❑ Veeam Backup & Replication Console ：操作控制台，用于查看、创建和编辑备份作业以及进行备份环境管理。

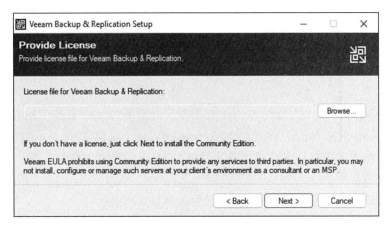

图 1.4　许可证对话窗口

7. 单击 Next 按钮后，安装程序将进行系统检查，以确定还需要哪些先决条件。如果缺少相关的软件组件，则界面上会出现提示，且此时可以安装这些缺失的组件，如图 1.5 所示。

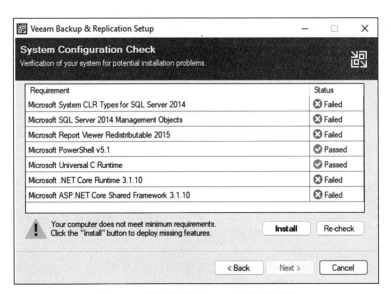

图 1.5　系统配置检查——缺失的组件

8. 单击 Install 按钮，即可安装所缺的组件。

9. 所有的组件都检查通过之后，则可以单击 Next 按钮来到后续安装界面。与之前的版本不同，接下来的界面中没有输入运行 Veeam 服务（对应于 Windows 操作系统的服务管理器中的"Veeam Backup Service"等服务）的用户账户这样的选项。在 Veeam 11a 版本的安装过程中，需要勾选 Let me specify different settings（让我指定不同的设置）旁边的复选框，然后单击 Next 按钮。

10. 现在需要为 Veeam 服务输入一个用户账户，准确地说应该是"服务账户"。这个服务账户的推荐设置如下：

❑ 必须在 Veeam 服务器上有 Windows 操作系统的 Local Administrator（本地管理员）权限。

❑ 如果使用的是独立的 SQL Server 数据库，而不是 Veeam 安装时附带的 Express 版（Microsoft SQL Server 2016 SP2 Express Edition，即 SQL Server 数据库免费版，有一些功能上的限制），则需要数据库系统的 Create（创建）权限，用于创建 Veeam 所用到的数据库。

❑ 需要对用于存储目录的文件夹拥有完全的 NTFS 权限。

关于这些权限的更多细节，请访问：https://helpcenter.veeam.com/docs/backup/vsphere/required_permissions.html?ver=110。

图 1.6 中使用的是我在实验室服务器上创建的一个账户。与之不同，在生产环境中，你可能已经在微软活动目录（Active Directory，AD）中创建了一个服务账户。

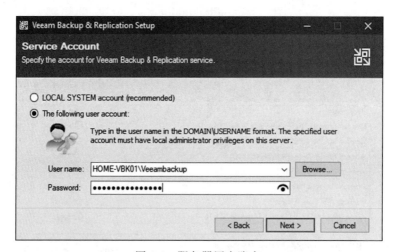

图 1.6　服务器用户账户

11. 接下来需要选择 SQL Server 的安装类型，如图 1.7 所示。对于实验环境来说，使用 SQL Server Express 就足够了。如果是在企业环境中，那么推荐的最佳实践是使用外部 SQL Server 服务器以获得最佳性能。此外还需注意，这里的 SQL Server 可以使用 Windows 认证或 SQL Server 认证。

12. 选择了合适的选项后，再次单击 Next 按钮。

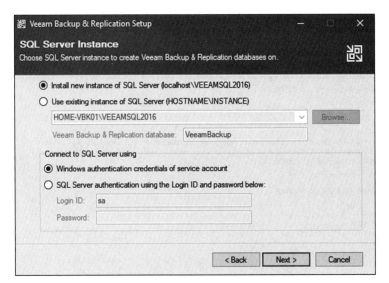

图 1.7　Veeam 的 SQL Server 数据库实例

13. 下面的窗口是 TCP/IP 端口配置。如果要使用不同的网络端口，则可以调整这些设置，但默认端口通常都可以满足需求，如图 1.8 所示。

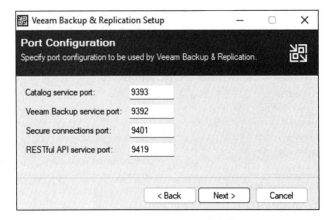

图 1.8　端口配置的默认值

14. 然后单击 Next 按钮，进入 Data Locations（数据位置）界面，如图 1.9 所示。

15. 这里需要在 Instant recovery write cache（即时恢复写缓存）处设定写缓存所用的驱动器及路径，用于在进行数据恢复操作时挂载还原点。请使用为客户机文件系统目录所设置的专用驱动器。

现在安装程序已经准备就绪，先安装本地 SQL Server Express 数据库实例，然后安装应用程序。Veeam 还将设置所选择的用户账户以启动所有 Veeam 相关的 Windows 服务，如图 1.10 所示。

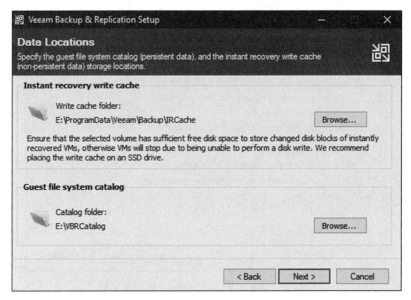

图 1.9 数据位置——文件夹选择

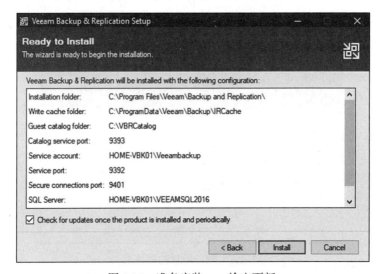

图 1.10 准备安装——检查更新

16. 检查完上述设置后，单击 Install 按钮以继续安装过程，并开始设置与备份服务器相关的组件。

现在，让我们开始调整用于 VMware 环境所需的配置：

❑ 存储库服务器：用于存储备份文件数据的服务器。

❑ 备份代理服务器：用于执行所有备份任务操作的服务器。

❑ VMware vCenter 凭据：用于连接和查看你的 VMware 集群、ESXi 主机、vApps

和虚拟机。vCenter 服务器并不是必需的，因为 Veeam 也支持独立的 ESXi 主机，只需要有 VMware ESXi 主机访问权限即可。

17. 首次启动 Veeam Backup & Replication 控制台时，界面会直接来到 INVENTORY（清单）选项卡，且 Virtual Infrastructure（虚拟化基础架构）栏处于被选中状态，如图 1.11 所示。

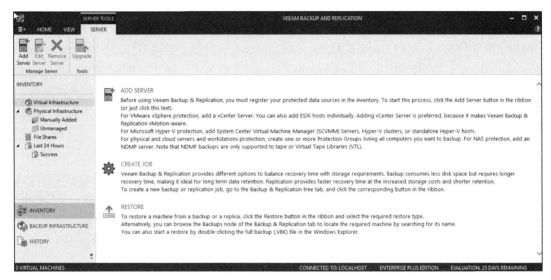

图 1.11　控制台初始界面

18. 这个界面是我们用来添加 vCenter 的地方，添加后即可备份 vCenter 里的虚拟机。单击这里的 ADD SERVER 选项即可开始添加操作。系统会提示选择所要添加的服务器的类型。这里我们先选择 VMware vSphere，然后选 vSphere 或 vCloud Director，如图 1.12 所示。

图 1.12　选择 vSphere 或 vCloud Director

当需要备份 vCenter 或 VMware ESXi 主机里的虚拟机时，在这里通常会选择 vSphere。但是，如果你的环境中有 vCloud Director，则可能会用到这个选项。如选择 vSphere，则系统会提示需要做两件事以完成 vSphere 的连接过程：

❑ vCenter 服务器的 DNS 域名或 IP 地址（推荐使用 DNS 域名的方式）。

❑ 用户凭据——可以是一个 vsphere.local 用户，也可以是一个已经创建好的 AD 域的
账户。

19. 输入所需的用户凭据（即用户名、密码），单击 Next 按钮，然后单击 Apply 按钮以完
成 VMware vSphere 设置。现在可看到 vCenter 服务器已出现在控制台界面 Virtual Infra-
structure（虚拟化基础架构）中，并且能够浏览 vCenter 里的 ESXi 主机和虚拟机。

接下来让我们看看配置基础架构所需的下一个部分，也就是 Proxy Server（备份代理服
务器）。默认情况下，运行 Veeam Backup & Replication 的服务器就是你的 VMware Backup
Proxy（VMware 备份代理）和 File Backup Proxy（文件备份代理）。受实验室环境所限，我
将使用同一台服务器进行功能演示，但在生产环境中，通常需要添加多个备份代理服务器
以获得更好的性能，并将其作为最佳实践准则。此外，基于最佳实践准则，通常不应采用
Veeam Backup & Replication 控制台所在的服务器作为备份代理服务器，而应当让其他备份
代理服务器来处理业务负载。

下一个需要的组件是 Repository Server（备份存储库服务器），它是 Veeam Backup &
Replication 存储备份文件的场所。默认情况下，Veeam Backup & Replication 会创建一个 Default
Backup Repository（默认备份存储库），通常位于备份服务器所连接的剩余空间最大的那个
驱动器，这个存储库同时还会用于存储 Veeam 配置的数据备份。Add Backup Repository（添
加备份存储库）有多种方式，如图 1.13 所示

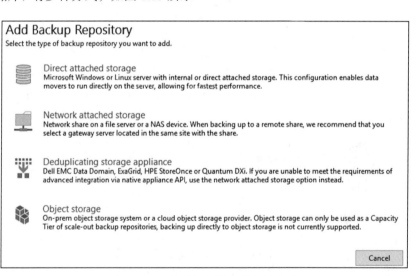

图 1.13 选择添加备份存储库的方式

前三种方式用于块存储设备，最后一种用于 Object Storage（对象存储）设备，作为数
据分流的容量层，是扩展式备份存储库（Scale-out Backup Repository，SOBR）的一部分。

现在你已经安装并完成了 Veeam Backup & Replication 所需的基本配置，让我们看看如
何优化备份代理服务器和存储库服务器。

1.3　学习备份代理服务器配置与调优

备份代理服务器是 Veeam Backup & Replication v11a 应用程序的主力组件，备份和恢复操作中所有繁重的工作和处理任务均由它来完成。开始使用 Veeam 前，应确保备份代理服务器已按照最佳实践进行配置：

- ❑ https://bp.veeam.com/vbr/VBP/2_Design_Structures/D_Veeam_Components/D_backup_proxies/vmware_proxies.html
- ❑ https://helpcenter.veeam.com/docs/backup/vsphere/backup_ proxy.html?ver=110

部署备份代理服务器时，Veeam Backup & Replication 将在服务器上安装两个软件组件：

- ❑ Veeam Installer Service：用于检查服务器并根据需要升级软件。
- ❑ Veeam Data Mover：备份代理服务器的数据处理引擎，完成下达给它的各种数据传输处理相关任务。

Veeam Backup & Replication 代理服务器在备份时会用到不同的传输模式来获取数据。有三种标准模式，这里从最高效的模式开始将它们依次列出：

- ❑ 直接存储访问：备份代理服务器与存储阵列位于同一网络中，且备份代理服务器可以直接从存储阵列中读取数据。
- ❑ 虚拟设备：这种模式将服务器的 VMDK 文件挂载到备份代理服务器上，从而实现服务器数据备份，通常称为热添加模式（Hot-Add Mode）。
- ❑ 网络：这种模式效率最低，但当前面的方法不可用时可以采取这种模式。它通过网络来传输数据。针对这种模式，建议不要使用 1GB 带宽的网络，而应使用 10GB 带宽的网络。

除了这些为 VMware 环境提供的标准传输模式，Veeam 还提供了另外两种传输模式：Backup from Storage Snapshots（从存储快照备份）和 Direct NFS（直接 NFS 访问）。这些模式为 NFS 文件系统和与 Veeam 集成的存储系统提供了更多与特定存储相关的传输模式选择。

更多详情请参见存储系统集成指南：https://helpcenter.veeam.com/docs/backup/vsphere/storage_integration.html?ver=110。

除了选择传输模式，备份代理服务器还要执行以下任务：

- ❑ 从存储中获取虚拟机数据
- ❑ 数据压缩
- ❑ 重复数据删除（即去重）
- ❑ 数据加密
- ❑ 将数据发送至备份存储库服务器（备份作业）或另一个备份代理服务器（复制作业）

在使用除从存储快照备份、直接 NFS 访问之外的其他传输模式时，Veeam 备份代理服务器获取数据所采用的是被称为 VMware 存储数据保护存储 API（VMware vStorage APIs for Data Protection，VADP）的接口协议。

关于备份代理服务器，需要考虑以下几个方面：

1. 操作系统。大多数软件供应商总是会推荐最新和功能最强的操作系统，所以如果你使用的是 Windows 操作系统，那么建议你选择 Windows Server 2022。或者，也可以选择 Linux，使用最新的版本（例如 Ubuntu 20.04.1 LTS）。请注意，对于 VMware 环境的 Linux 虚拟机来说，从 Veeam Backup & Replication v11a 版开始，备份代理支持所有传输模式。

2. 备份代理的位置。根据备份代理服务器的传输模式，你需要将其放置在尽可能离所要备份的服务器更近的位置，例如在特定的 VMware 主机上，离源数据越近越好！

3. 备份代理服务器规模测算。这可能是一个棘手的问题，它取决于所用的是物理服务器还是虚拟机。各项备份任务都在 Veeam 备份代理服务器上完成，包括处理虚拟机的虚拟磁盘，或处理物理服务器的物理磁盘。因此，Veeam 建议针对每个任务分配一个物理 CPU 核心或一个 vCPU，以及 2GB 的内存。

Veeam 有一个公式用于计算备份代理服务器所需的资源：

❑ D = 源数据，以 MB 为单位

❑ W = 备份窗口，以 s 为单位

❑ T = 吞吐量，以 MB/s 为单位，$T = D/W$

❑ CR = 数据变化率

❑ CF = Full Backup（完全备份，又称完整备份，简称全备份）所需的 CPU 核心数，$CF = T/100$

❑ CI = 增量备份所需的 CPU 核心数，$CI = (T \times CR) / 25$

根据这些要求，我们可以结合一个样本数据来进行计算：

❑ 1000 个虚拟机

❑ 400TB 的数据

❑ 8 小时的备份窗口

❑ 5% 的数据变化率

采用这些数据进行计算如下：

$$D = 400\ TB \times 1024 \times 1024 = 419\ 430\ 400\ MB（数据被转换成\ MB）$$
$$W = 8\ h \times 3600\ s = 28\ 800\ s$$
$$T = 419\ 430\ 400 / 28\ 800 = 14\ 564\ MB/s$$

我们可以使用算出的结果来确定运行完全备份和增量备份所需的 CPU 核心数量，以满足我们要求的服务等级协议（Service Level Agreement，SLA）。

$$CF = T / 100 \rightarrow CF（完全备份）= 14\ 564/100，约需\ 146\ 个核心$$
$$CI = (T \times CR) / 25 \rightarrow CI（增量备份）=（14\ 564 \times 5\%）/ 25，约需\ 29\ 个核心$$

根据上述计算，并考虑到每个任务需要 2GB 的内存，则需要一个有 146 个 vCPU 和 292GB 内存的虚拟服务器。这看起来是一个配置相当高的服务器，但是请记住，这里是基于样本数据进行估算的。实际环境里的需求可能会低得多，或者更高，这取决于所要备份的数据集的具体情况。

如果打算用物理服务器做备份代理，比如你已有的两路 10 核 CPU 的服务器。在当前这个样本数据的情况下，至少需要 8 台物理服务器。如果使用虚拟服务器作为备份代理，最佳实践是将每台虚拟服务器配置为最多 8 个 vCPU，并根据环境需要增加数量——在这个例子中，需要 19 个虚拟服务器。

如果只根据增量备份来确定备份代理服务器所需资源的多少，那么其需求不到完全备份所需服务器资源的一半，即 29 个 vCPU 和 58GB 的内存。

在作业处理和性能方面，备份代理服务器有一些限制需要注意。正如我们之前指出的，备份代理服务器执行任务相关的操作，且为这些任务分配 CPU 资源。并发任务的处理过程取决于基础架构中的可用资源和所部署的备份代理服务器的数量。如图 1.14 所示，在向 Veeam Backup & Replication 添加备份代理服务器时，有一个 **Max concurrent tasks**（最大并发任务数）选项，它与分配的 CPU 数量相关。

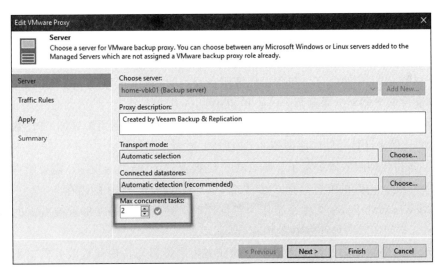

图 1.14　备份代理服务器的最大并发任务数限制

任务限制相关的文档可在以下官网文档栏目查看：https://helpcenter.veeam.com/docs/backup/vsphere/limiting_tasks.html?ver=110。

 重要提示　作业的性能会受备份代理服务器任务选项设置的影响。例如，如果有一台 8 CPU 的备份代理服务器，并添加了两个用于备份的虚拟机，一个虚拟机有 4 个磁盘，另一个虚拟机有 6 个磁盘，则备份代理服务器将只并行处理 10 个磁盘中的 8 个，剩下的两个磁盘将不得不在备份开始之前等待资源。

现在你知道了如何正确调整备份代理服务器的 CPU 和内存大小，并明白备份代理服务器的位置，以及它是如何处理任务的。下一节的重点内容是备份代理服务器如何向存储库服务器发送数据。

1.4 掌握正确配置备份存储库服务器的方法

存储库服务器是备份数据所存放的场所，所以在首次使用前，正确地设置它们才能确保有最好的性能。在创建存储库服务器时，建议遵循 Veeam Backup & Replication 的最佳实践：`https://bp.veeam.com/vbr/VBP/2_Design_Structures/D_Veeam_Components/D_backup_repositories/`。

以下是创建备份存储库时需要考虑的一些问题：

❑ **ReFS/XFS**。对于基于 Windows Server 2019/2022 操作系统的存储库，需确保将存储库所在驱动器格式化为具有 64KB 块大小的 ReFS 文件系统格式，以利用合成完全备份和 GFS（Grandfather-Father-Son，保留策略，即长期数据保留策略）的空间节省特性。对 Linux 系统来说，则需要设置 XFS 并开启 Reflink，以利用其节省空间和快速克隆的特性。在这两种情况下，都能有效提高合成完全备份的存储效率。这种效率可以防止数据重复，但其机制不同于重复数据删除。

❑ **规模测算**。确保遵循 Veeam Backup & Replication 的建议，即每个存储库任务有 1 个核心和 4GB 的内存。与备份代理服务器类似，存储库服务器也有任务数的限制。存储库服务器至少需要两个核心和 8GB 的内存。

在进行存储库服务器规模测算时，需要考虑备份代理服务器所配置的 CPU 数量，然后按照 3 : 1 的比例来计算存储库服务器的 CPU 核心数量。

例如，备份代理服务器配置了 8 个 CPU，则根据这个 3 : 1 的规则，需要给存储库服务器分配 2 个 CPU。内存的配置需把 CPU 数量乘以 4，即分配 8GB 的内存。

当使用 Windows ReFS 文件系统作为存储库时，还需要考虑文件系统所需的开销，每 1TB 的 ReFS 空间还需增加 0.5GB 的内存。

由于消耗的资源不同，存储库服务器的任务限制设置与备份代理服务器也不一样。所设置的选项将以不同的方式处理：

❑ **Per-VM 备份文件**（按虚拟机数量）。选择这种方式，则为备份任务中的每个虚拟机创建一个备份链。因此，如果备份作业中包含 10 个虚拟机，则将消耗 10 个存储库任务和 10 个备份代理任务。

❑ **No Per-VM Selection**（不按虚拟机数量）。每个备份作业消耗一个存储库任务，备份代理任务保持不变，即每个虚拟磁盘一个任务。

📠 **注意** 更多关于任务限制的文档信息请参见：`https://helpcenter.veeam.com/docs/backup/vsphere/limiting_tasks.html?ver=110`。

在首次设置存储库时，可以对任务限制进行设置，如图 1.15 所示。

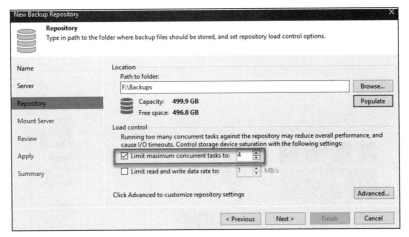

图 1.15　存储库任务限制

> **重要提示** 如果限制每个存储库的任务数，并且作业中有很多虚拟机需要备份，那么这将是导致系统环境中性能瓶颈的情况之一。还需注意不要把限制设置得太高，因为这可能会使存储设备不堪重负，进而导致性能下降。在做测算之前，要确保测试过所有组件以及备份基础架构可用资源的状况。

在完成本节内容的学习后，我们知道了如何选择存储库的文件系统类型，并根据 CPU 和内存资源的状况合理配置它的大小，还讨论了按虚拟机与不按虚拟机的两种模式。现在，让我们利用这些知识，将其与创建一个扩展式备份存储库（SOBR）结合起来。

1.5　探究扩展式备份存储库

那么，什么是**扩展式备份存储库**（Scale-out Backup Repository，SOBR）？ SOBR 使用多个备份存储库来实现性能扩展，从而创建一个大规模的横向扩展的存储库系统。Veeam Backup & Replication 可以使用多种不同类型的备份存储库，例如：

- ❑ Windows 备份存储库，NTFS 格式或建议采用的 ReFS 格式
- ❑ Linux 备份存储库，启用了 Reflink 的 XFS 文件系统
- ❑ 共享文件夹，包括 NFS、SMB 或 CIFS
- ❑ 具备重复数据删除功能的存储设备

SOBR 的扩展，可以通过包括块存储在内的企业内部存储，乃至基于云的称为容量区段的对象存储来实现。Veeam Backup & Replication 将性能区段、容量区段和归档区段合而为一，从而让 SOBR 囊括所有区段的数据，如图 1.16 所示。

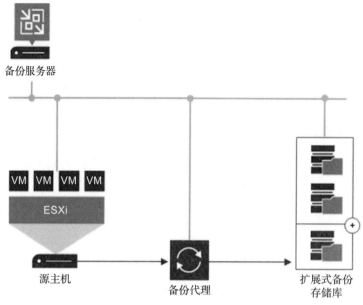

图 1.16 扩展式备份存储库

能否使用 SOBR 的各项扩展功能，取决于所用 Veeam Backup & Replication 的许可证版本：

❏ 企业版许可，共允许有两个 SOBR 和三个区段。

❏ 企业增强版许可，提供无限数量的 SOBR，并可根据需要提供多个性能区段，但每个 SOBR 只有一个容量层。

> 提示 如果你偶然将许可证从企业增强版或企业版降级到标准版，则会失去把作业任务的目标存储指向 SOBR 的能力，但依然可以从 SOBR 中恢复数据。

不同的许可证类型限制了可以配置的 SOBR 数量，以及每个 SOBR 可以使用的区段的数量。正如我们之前所指出的，企业版有两个 SOBR 的限制，而企业加强版则无此数量限制。

> 提示 为了获得最好的性能和可管理性，如果可能的话，最好将 SOBR 内区段的数量限制在 3、4 个。如果使用的是对象存储，那么容量层也是 SOBR 的一个组件。

扩展式存储库可与 Veeam Backup & Replication 中许多类型的作业或任务一起使用：

❏ 备份作业

❏ 备份拷贝作业

❏ VeeamZIP 作业

❏ 客户端代理备份——Linux/Windows 客户端代理 v2.0 或更高版本

❏ NAS 备份作业

❏ Nutanix AHV 备份作业

❑ Mac Veeam 客户端代理

❑ 用于 Amazon 和 Microsoft Azure 的 Veeam 备份（通过备份拷贝作业进行）

接下来需要注意的是使用 SOBR 时的限制。

❑ 只有企业版和企业增强版的许可证支持 SOBR。

❑ 不能将 SOBR 作为备份目标存储的情况：配置备份作业、复制作业、虚拟机拷贝作业、Windows Veeam 客户端代理 v1.5 或更低版本，以及 Linux Veeam 客户端代理 v1.0 Update1 或更低版本。

❑ 如果有一个不支持的作业正在使用该存储库，则不能将该存储库作为数据区段添加到 SOBR 中。

❑ SOBR 不支持可替换式的驱动器（如 USB 驱动器或 eSATA 硬盘驱动器）。

❑ 同一个区段不能同时用于两个 SOBR 扩展式存储库。

有关约束条件的详情，请参考 Veeam Backup & Replication 官方网站：`https://help-center.veeam.com/docs/backup/vsphere/limitations-for-sobr.html?ver=110`。

SOBR 扩展式存储库的构成包括三层：

❑ 性能层，由高速存储构成，实现对数据的最快速访问

❑ 容量层，通常这是用于归档和数据分流的对象存储

❑ 归档层，其他对象存储，用于存储长期归档和不经常访问的数据

要确保性能层用的是最快的存储，以便在需要访问文件和恢复数据的时候，它的速度是最快的。创建的标准存储库在添加到 SOBR 之前，SOBR 中会保留一些特定的设置：

❑ 它可以同时执行的任务的数量

❑ 存储系统的读写速度

❑ 存储系统中数据解压缩相关的设置

❑ 存储系统的块对齐设置

如果备份选项使用的是 Per-VM（按虚拟机数量）的方式，那么 SOBR 将不会继承由可替换式驱动器构成的存储库的设置，这种继承特性在 SOBR 中是默认开启的。

其他还需要考虑的问题是备份文件时要使用的放置策略。针对特定的操作系统以及文件系统，如 ReFS 和 XFS，两种策略都各有利弊，无法相互替代。这两种类型的放置策略如下：

❑ 数据局部性（又称数据本地化）策略

❑ 性能策略

请参考 Veeam Backup & Replication 官网上的 Performance Tier（性能层）页面，了解更多相关信息：`https://helpcenter.veeam.com/docs/backup/vsphere/backup_repository_sobr_extents.html?ver=110`。

数据局部性策略意味着在数据扩展过程中，可将备份链上的所有备份文件放置在 SOBR 的同一个区段内，从而让这些文件保持在一起。Veeam 备份元数据（Veeam Backup Metadata，VBM）文件存于 SOBR 中的所有区段上，以保证其数据一致性，并用于需要移

动区段时。与此不同的是，性能策略则在数据库扩展过程中，让你能够选择哪些区段会同时用于 VBK（Veeam 完全备份）文件和 VIB（Veeam 增量备份）文件。

有关备份文件放置策略的更详细信息，参见 Veeam Backup & Replication 官网链接：`https://helpcenter.veeam.com/docs/backup/vsphere/backup_repository_sobr_placement.html?ver=110`。

现在来看看容量层，每个 SOBR 扩展只能有一个，且必须是以下之一，如图 1.17 所示。

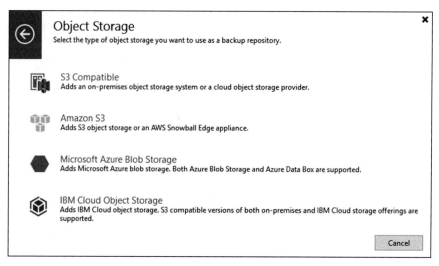

图 1.17　容量层区段的对象存储选项

在 SOBR 中使用容量层，适用于以下情况：

❑ 可以将旧的数据层下移，或者当 SOBR 达到特定容量百分比，因而允许释放存储空间时。

❑ 公司政策规定要求保留一定数量的现场数据，然后若干天后，所有旧数据都会被下移到容量层中。

❑ 符合 3-2-1-1-0 规则要求，即信息的一个副本是在异地。关于 3-2-1-1-0 规则的更多细节，请看这篇博文：`https://www.veeam.com/blog/3-2-1-rule-for-ransomware-protection.html`。

在 SOBR 向导中，创建标准存储库后设定容量层的操作如图 1.18 所示。

请访问 Veeam Backup & Replication 官方网站上的 Capacity Tier 页面了解更多相关信息：`https://helpcenter.veeam.com/docs/backup/vsphere/capacity_tier.html?ver=110`。

现在我们要把前面学习的这些内容综合起来，创建一个 SOBR。首先打开 Veeam Backup & Replication 控制台，选择界面左下方的 BACKUP INFRASTRUCTURE 部分。然后，单击左边的 Scale-out Repositories 选项，如图 1.19 所示。

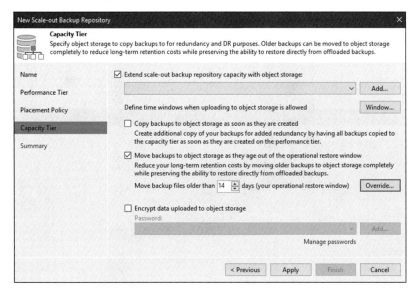

图 1.18　SOBR 向导中的容量层设定

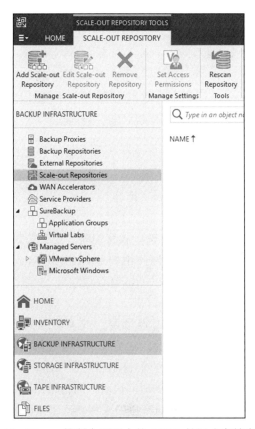

图 1.19　Veeam 控制台界面中的 SOBR 扩展式存储库选项

选中此选项后，就可以单击出现在工具栏顶部左侧的 Add Scale-out Repository 按钮，或者在右侧窗格中，单击鼠标右键，并选择 Add Scale-out Repository 菜单。

此处需要为该扩展命名，并给它一个贴切的描述。默认名称是"Scale-out Backup Repository 1"。然后，单击 Next 按钮，进入向导的 Performance Tier 部分，如图 1.20 所示。

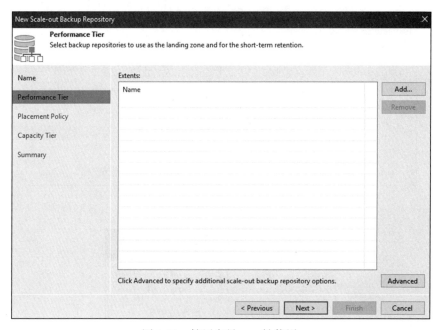

图 1.20　扩展向导——性能层

在这个界面中，单击 Add 按钮，选择将作为 SOBR 扩展式存储库成员的标准存储库。也可以单击 Advanced 按钮，进入后有两个选项供选：

❑ 每个虚拟机使用独立备份文件 / 链（推荐）

❑ 所需区段离线时执行完全备份

单击 Next 按钮继续，这个时候需要选择放置策略，要么选数据局部性策略，要么选性能策略。正如我们之前提到的，如果存储库用的是 ReFS 或 XFS 文件系统，则只有选择数据局部性策略选项才能利用操作系统提供的节省存储空间的优化特性。做出选择后，单击 Next 按钮。

现在可以为新建的 SOBR 选择使用容量层，或者直接单击 Apply 按钮来结束创建 SOBR 的向导过程，如图 1.21 所示。注意，在选择一个容量层时，可以启用以下三个选项：

❑ 一旦在性能层中创建备份，就把它们复制到对象存储。

❑ 当备份保留的时间超过恢复窗口的时间段时，则将其移至对象存储。默认的备份保留时间是 14 天。也可以单击 Override 按钮来替换这个默认选项，从而指定当存储库空间低于某个百分比时则将备份移至对象存储，而在达到该百分比之前进行存储分流。

❑ 对上传到对象存储的数据进行加密，以提高安全等级。

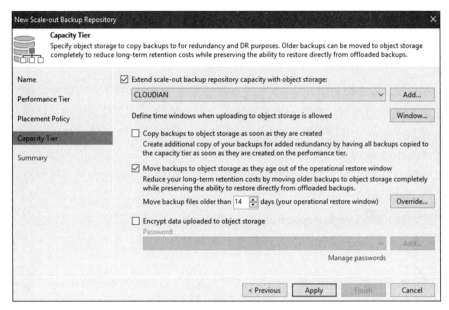

图 1.21　扩展向导中的容量层配置

需要注意，有些容量层目标（即备份目的地）支持不可变特性，这是用于对付勒索软件的一项基本功能。在 Veeam 的 v11a 版中，支持不可变特性的容量层目标包括带有对象锁的 AWS S3 和兼容 S3 的对象存储系统。

请查看 Veeam Readiness 计划，以确定所用的对象存储是否被支持，网址为：https://www.veeam.com/alliance-partner-technical-programs.html?programCategory=objectImmutable。

完成前述设置后就会看到新建的 SOBR 扩展式存储库，本例中为"Scale-out Backup Repository 1"。单击选中时，可看到其性能层区段和容量层，如图 1.22 所示。

图 1.22　新建的 SOBR 扩展式存储库

如需了解关于 SOBR 的更多信息，请访问 Veeam Backup & Replication 官方网站的这个页面：https://helpcenter.veeam.com/docs/backup/vsphere/sobr_add.html?ver=110。

最后要讨论的是创建 SOBR 后如何管理它。完成创建之后，可能需要做以下的某些调整：

- ❑ 比如说，编辑其设置以修改性能策略。
- ❑ 可能需要重新扫描存储库以更新数据库中的配置信息。
- ❑ 通过向 SOBR 添加另一个区段来扩展性能层。
- ❑ 将某个区段置于维护模式，对存放它的服务器进行维护，或者清空备份以移除此区段。
- ❑ 把某个区段切换到称为密封模式的状态，在此模式下不会再对它进行任何写入操作，但是仍然可以从其进行数据恢复。这样就可以用一个新的区段来替换当前区段。
- ❑ 在 SOBR 上生成一份报告。
- ❑ 从 SOBR 中删除一个区段需要进入维护模式，执行清空操作，然后再删除即可。
- ❑ 完全删除 SOBR。

一旦在 Veeam Backup & Replication 中建好 SOBR，它就处于非常"自给自足"的状态。当然，还是需要进行一些维护，以确保其处于最佳性能状态，并有充足的存储空间用于备份作业和任务。

有关 SOBR 管理的更多信息，请访问以下 Veeam Backup & Replication 官方网站页面：https://helpcenter.veeam.com/docs/backup/vsphere/managing_sobr_data.html?ver=100。

1.6 将 Veeam Backup & Replication 升级到 v11a

在本节中，我们来讨论将已有的 Veeam Backup & Replication 系统升级到 v11a 所需的操作过程。如果你已经安装了 Veeam Backup & Replication 10，可以继续执行以下步骤来完成升级。

> **ⓘ 重要提示** 如果你的服务器上安装了 Veeam Enterprise Manager（Veeam 企业管理器，同在 Veeam Backup & Replication 安装 ISO 中），那么在升级 Veeam Backup & Replication 之前，会提示需要先升级该软件。

当服务器准备好了，并且已经下载并挂载了 ISO 安装文件，请按照以下步骤来升级服务器和组件：

1. 在挂载 ISO 后的驱动器上运行 setup.exe 文件，如图 1.23 所示。
2. 单击左侧 Veeam Backup & Replication v11a 部分下的 Upgrade 按钮或右侧独立组件下的 Upgrade 链接。
3. 界面会提示需要安装 Microsoft Visual C++ 运行时库。单击 OK 按钮以继续。安装完毕之后，可能会提示需要重新启动服务器，单击 YES 按钮继续即可。

图 1.24 展示了 Visual C++ Redistributable（VC++ 分发包，作用同上述运行时库）的安装请求。图 1.25 展示了 Visual C++ Redistributable 安装完成后的 Reboot 选项。

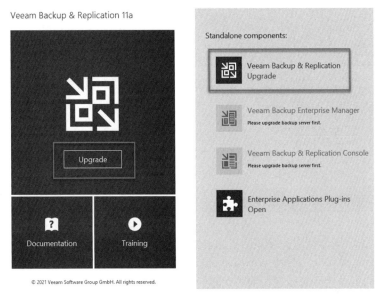

图 1.23　主安装界面——升级

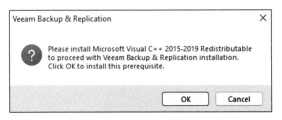

图 1.24　安装 Microsoft Visual C++ 运行时库

图 1.25　安装 Microsoft Visual C++ 分发包后的系统重新启动提示

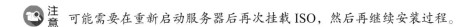

注
意　可能需要在重新启动服务器后再次挂载 ISO，然后再继续安装过程。

4. 这时，你可以看到许可协议窗口，此时需要勾选界面中的两个复选框，然后单击 Next 按钮继续。

5. 接下来你将看到已经安装了哪些 Veeam 组件，且在安装过程中会完成升级。这里单击 Next 按钮继续，如图 1.26 所示。

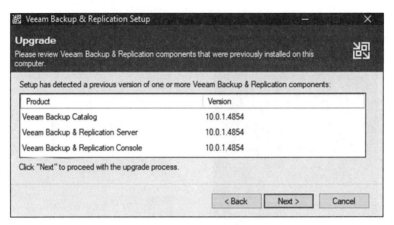

图 1.26 要升级的组件

6. 此时你需要提供一个有效的许可证文件，购买的正式版许可证或申请的试用版许可证均可。如果在这个阶段还没有许可证，可以直接单击 Next 按钮继续安装，Veeam 将以免费的社区版状态运行。进行升级时界面上会显示 v10 的许可证已经更新到 v11a，或者等获得许可证文件之后再从 Veeam 控制台应用程序的 License 菜单项下安装许可证文件，如图 1.27 所示。

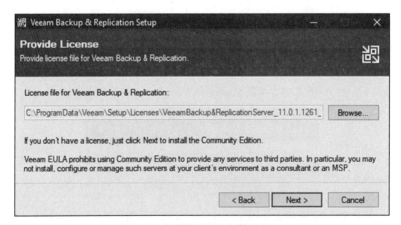

图 1.27 提供许可证文件的窗口

图 1.28 展示了 Veeam 安装程序基于 Veeam Backup & Replication 软件现有的许可证来创建 v11a 版本的许可证的过程。

7. 单击 Next 按钮后，安装程序将对当前系统进行先决条件检查。如果有缺少的软件组件则会出现提示，且此时可以安装这些缺少的软件组件，如图 1.29 所示。

8. 单击 Install 按钮以安装缺少的软件组件。

图 1.28　升级过程中创建的许可证文件

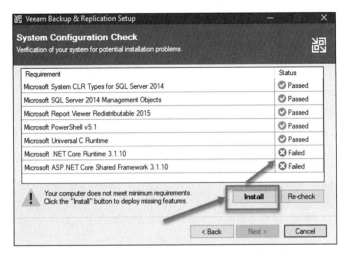

图 1.29　系统配置检查——缺少的软件组件

9. 当所有的组件都通过检查后，就可以点击 Next 按钮进入后续安装界面。在下一页的对话框中，可指定用于运行 Veeam 相关的 Windows 服务的用户账户，该账户将在安装期间使用。这里我们选择 The following user account（以下用户账户）选项，如图 1.30 所示。

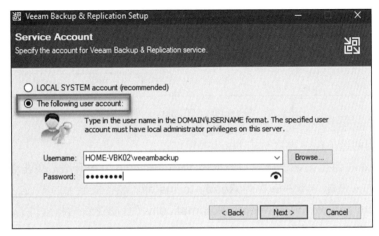

图 1.30　设置运行 Veeam 相关 Windows 服务的用户账户

该用户账户必须具有以下权限：

❑ Veeam 服务器上的本地管理员权限。

❑ 如果使用独立的 SQL Server 数据库，而不是安装时附带的 SQL Server Express 版本，则需要有数据库的更新操作权限。

❑ 需要对目录所在的文件夹具备完全的 NTFS 权限。

有关所需权限的详细信息，请访问：https://helpcenter.veeam.com/docs/backup/vsphere/required_permissions.html?ver=110。

在本安装示例中，我用的是在实验室服务器上创建的一个账户。与此不同的是，在生产环境中，你可能已经在 AD 域中创建了一个用于 Veeam 服务的账户，可以在这里输入该账户。

1. 如图 1.31 所示，选择已安装的 SQL Server 数据库实例。在实验环境中，使用 SQL Server Express 就已经足够了。VeeamBackup 这个数据库实例也会被升级，因为之前是 Veeam v10 所用的数据库。如果是在企业环境中，建议的最佳实践是使用外部的 SQL Server 数据库以获得最佳性能。还需要注意的是，这里同样可以使用 Windows 认证或 SQL Server 认证。

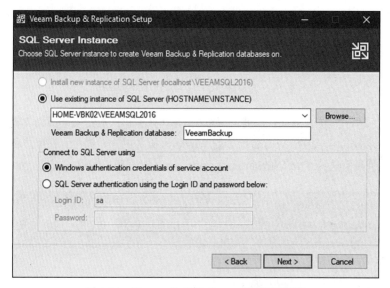

图 1.31　Veeam 的 SQL Server 数据库实例

2. 选择适当的选项后，再次单击 Next 按钮。

3. 单击 Next 按钮后，系统会提示数据库 VeeamBackup 将被升级。单击 Yes 按钮继续。

4. 然后就进入最后一步——称为 Ready to Install（准备安装）的界面，在这里可以启用 Update remote components automatically（自动更新远程组件），强烈建议勾选此选项，如图 1.32 所示。

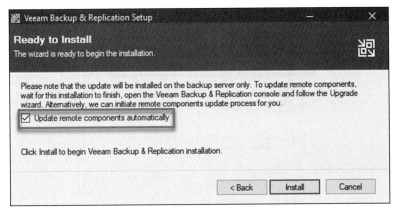

图 1.32　准备安装——自动更新远程组件

　　这个时候安装过程即将完成，将先停止 Veeam 相关的 Windows 服务，然后升级 Veeam 的应用程序，并进行数据库升级操作。Veeam 还会用所选择的用户账户来重新启动升级后的所有 Veeam 相关服务。

　　5. 检查完各项设置后，单击 Install 按钮以继续进行升级。

注意　升级安装的过程可能需要一些时间，这取决于 SQL Server 数据库的大小。请耐心等待，当升级安装完成后，会出现相应提示。

　　6. 安装完成后，将看到 Installation succeeded（安装成功）的对话框。单击 Finish 按钮，以关闭升级安装向导窗口，如图 1.33 所示。

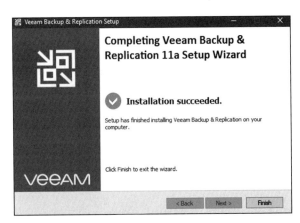

图 1.33　安装成功的窗口

　　7. 这里有可能会提示重新启动服务器以使配置变化生效。如果有提示，请单击 Yes 按钮，从而允许操作系统立即重新启动。

　　8. 系统重新启动之后，使用桌面上的相应图标启动 Veeam Backup & Replication 控制台。单击 Connect 按钮，该应用程序将打开，如图 1.34 所示。根据图 1.32 中复选框的选择情况，被选中的组件都将进行升级。

图 1.34　Veeam Backup & Replication 控制台的登录界面

> 注意　如果没有勾选 Update remote components automatically（自动更新远程组件）这个选项，就会有一个对话框出现，对话框里将列出并选中所有待升级的远程组件，此时需要单击 Apply 按钮以继续组件升级操作。

升级过程现在已经完成，所有之前的作业将按任务计划的时间设定继续运行。

小结

本章介绍了安装 Veeam Backup & Replication v11a 所需的工具以及安装过程中涉及的组件。我们讨论了安装之前所需的预备条件，包括可以使用的 SQL Server 数据库版本——SQL Server Express 或 SQL Server Standard/Enterprise。然后学习了如何设置备份代理服务器、对其进行配置的最佳实践和优化配置。这一部分之后是关于备份存储库的讨论，包括如何创建备份存储库及最佳实践，如何优化以获得最好的性能。接下来讨论了扩展式备份存储库，以及如何设置它们，包括性能层、容量层，以及创建后的管理操作。最后，我们学习了 Veeam Backup & Replication 的升级过程，介绍了如何将现有的 Veeam 数据库实例从版本 10 升级到 11a。

本章目的在于掌握 Veeam 的相关基础知识，从而方便后续内容的学习。第 2 章我们将研究 3-2-1-1-0 规则，以及如何保障数据的安全。

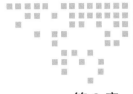

3-2-1-1-0 规则——确保数据安全

对数据防护来说，要确保数据安全，必须有多于一份的数据副本。在本章中，我们将学习 3-2-1-1-0 规则及其含义，以及如何运用这些知识，并根据这一规则来创建数据备份，还将了解不同的存储介质访问方式，如复制、快照，乃至容量层拷贝模式（属于 SOBR 的一部分）。只要遵守 3-2-1-1-0 规则，就能确保数据是安全的，而且至少有一个副本是异地（场外）的：

- ❑ 3 个副本：保留数据的 3 个副本，1 个是主副本，2 个是二级副本（又称辅 / 从副本）。
- ❑ 2 种介质：将备份存储在至少 2 种不同类型的存储介质上。
- ❑ 1 份异地：确保至少有 1 份副本数据是保存在异地的。
- ❑ 1 份物理隔离 / 不可变：确保数据的 1 个副本位于离线物理隔离的存储或不可变存储中。
- ❑ 0 错误验证：确保自动进行的备份数据恢复测试没有错误。

2.1 技术要求

学习本章内容最主要的要求之一是安装、配置好 Veeam Backup & Replication，以便将后续章节中的那些示例都试着运行一遍。如果你已经学习完成了第 1 章的内容，那就已经具备了所有的先决条件。

2.2 Veeam 产品战略总监 Rick Vanover 如是说

3-2-1-1-0 规则是一种先进的、用于备份数据管理的思维方式。这个规则的好处是，它不需要任何特定类型的硬件，但几乎可以应对任何类型的故障场景，包括勒索软件、硬件故障、网络故障/电力故障/网站数据丢失，以及非正常的数据删除。

应当坚持运用 3-2-1-1-0 规则，使其作为最低限度的 Veeam 多副本数据管理基础性配置。建议至少有一个数据副本是离线的，或者是物理隔离的，以实现高等级的弹性数据恢复能力。

采用 Veeam 来实施 3-2-1-1-0 规则，能使系统具备极其灵活的特性。这并不一定意味着需要更多的备份作业或数据传输。备份拷贝作业、复制作业、存储快照、SOBR 拷贝模式等都是实现 3-2-1-1-0 规则的方法。

2.3　理解什么是 3-2-1-1-0 规则

3-2-1-1-0 备份规则是一种关于数据可靠性的方法论，可以保护数据免受各种情况的影响，比如：

❑ 勒索软件：删除或感染备份文件。

❑ 损坏的存储介质：数据无法读取或恢复。

❑ 数据中心的数据丢失：当某数据副本被发送到异地的时候。

要保护好数据，最好的做法是遵循 3-2-1-1-0 规则：

❑ 3：所有备份作业的数据副本的数量。

❑ 2：备份所使用的存储介质的类型数量。

❑ 1：备份到安全的异地的数据副本的数量。

❑ 1：离线的物理隔离存储或具有不可变性的存储的副本数量。

❑ 0：自动存储介质恢复测试结果为零错误，以确保可恢复性。

图 2.1 简要阐明了 3-2-1-1-0 规则。

掌握 3-2-1 规则

或者 3-2-1-1-0 规则

图 2.1　3-2-1-1-0 规则说明

接下来将介绍如何配置 GFS 保留策略（Grandfather-Father-Son 保留策略，即长期数据保留策略）以满足 3-2-1-1-0 规则。

3-2-1-1-0 规则的重要性

3-2-1 备份策略已经存在十余年了，近年被更新为 3-2-1-1-0 规则，但其理念依然保持不变。这种备份策略被 Veeam 和其他信息安全专业人士以及政府当局认定为数据保护的最佳实践。虽然这种策略并非意味着数据永远不会被破坏，但它确实在很大程度上减少了相关风险，因为它能确保不会存在单点故障。如果某个副本被损坏或所采用的某种保护手段出现故障，那么它能起到保护作用。3-2-1-1-0 规则还可以防止数据盗窃行为，例如，当勒索软件抹去你的数据时。

在创建备份的时候运用 3-2-1-1-0 规则，最具优势的一点在于网上有许多相关资源，Veeam 博客就是其中之一：

- ❑ 遵循 3-2-1 备份规则来使用 Veeam Backup & Replication：`https://www.veeam.com/blog/321-backup-rule.html`。
- ❑ 用 Veeam 和 3-2-1 规则来对抗勒索软件：`https://www.veeam.com/blog/3-2-1-rule-for-ransomware-protection.html`。

我们现在已经介绍了什么是 3-2-1-1-0 规则，以及它如何在备份策略中发挥作用，接下来看看如何将其应用于备份作业。

2.4 学习将 3-2-1-1-0 规则应用于备份作业

所以，此时此刻，你可能想知道如何去应用 3-2-1-1-0 备份规则，以及应该采取什么样的存储介质。有很多存储介质类型可以用来实现 3-2-1-1-0 模型，也可以考虑用 GFS 数据保留策略。GFS 这个缩写是这样分解的：

- ❑ Grandfather（祖父）：备份保留一年。
- ❑ Father（父亲）：备份保留一个月。
- ❑ Son（儿子）：备份保留一个星期。

可以按表 2.1 进行设置：

表 2.1　某月的 GFS 备份示例

周日	周一	周二	周三	周四	周五	周六
	1 父亲	2 儿子	3 儿子	4 儿子	5 儿子	6
7	8 父亲	9 儿子	10 儿子	11 儿子	12 儿子	13
14	15 父亲	16 儿子	17 儿子	18 儿子	19 儿子	20
21	22 父亲	23 儿子	24 儿子	25 儿子	26 儿子	27
28	29 父亲	30 儿子	31 儿子	儿子	祖父	

在 Veeam Backup & Replication 中创建备份作业时，可以选择用于配置备份保留的 days（天数）/restorepoints（还原点数），如图 2.2 所示。

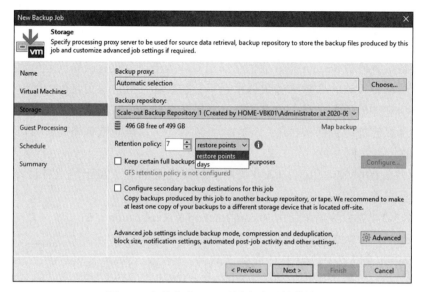

图 2.2　备份作业——还原点或天的数量

同样在这个配置窗口中，可以创建 GFS 保留策略，当与 Configure secondary backup destinations for this job（为此作业配置二级备份存储库）选项配合使用时，该 GFS 保留策略与 3-2-1-1-0 规则共同发挥作用，如图 2.3 所示。

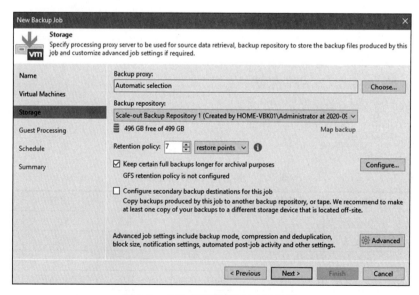

图 2.3　GFS 保留策略和二级备份

要设置 GFS 保留策略，可单击图 2.3 中的 Configure 按钮，告诉 Veeam Backup & Replication 想保留前述每种类型的备份数量以及保留多长时间，如图 2.4 所示。

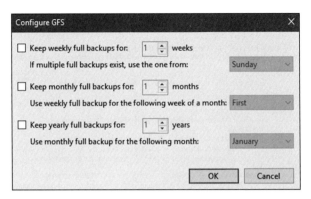

图 2.4　配置 GFS 保留策略

　　此外，在选择配置二级备份存储库选项之前，需要在 Veeam Backup & Replication 中创建一个备份拷贝作业或一个备份到磁带的作业。创建二级备份的机制符合 3-2-1-1-0 规则，如果与将数据以另一种形式的块 / 对象存储或磁带发送到异地的作业类型相结合，就可以确保实现了 3-2-1-1-0 规则中的第一个 1：异地，如图 2.5 所示。

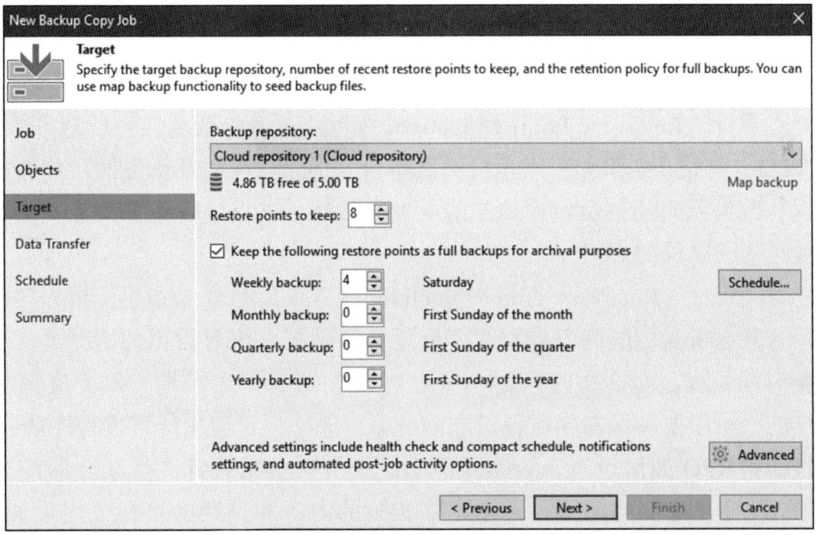

图 2.5　用于二级副本的备份拷贝作业

　　确保遵循 3-2-1-1-0 规则的另一种方法是使用 SOBR 的容量层。在 Veeam Backup & Replication v11a 版本中有一个选项，使得一旦在扩展式备份存储库的性能层上创建备份以后，立即自动将其复制到容量层。但需要注意的是，仅使用 Move backups to object storage as they age out of the operational restore window（当备份超出操作恢复窗口期时，将其移至对象存储中）选项并不符合 3-2-1-1-0 规则，需选择图 2.6 中除 Encrypt data uploaded to object storage（加密上传到对象存储的数据）之外的所有选项。

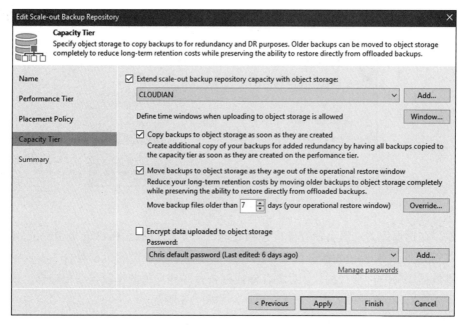

图 2.6　容量层——立即复制

在考虑 3-2-1-1-0 规则的时候，也需要关注预期的 RPO 和 RTO：

❑ 恢复点目标（Recovery Point Objective，RPO）：备份调度任务计划（时间表）决定着 RPO。例如，如果你每天运行一次备份，那就意味着在恢复时可能会损失一天的数据，因为此时的备份包含的是前一天的数据，根据具体故障情况，恢复的时间点可能是一天之前的。

❑ 恢复时间目标（Recovery Time Objective，RTO）：RTO 是指将应用程序和数据恢复到运行状态所需的时间。RTO 基本上意味着业务在没有数据的情况下，可以接受的瘫痪时间长度。是 2 小时？ 24 小时？ 3 天？或者一个星期？每个应用场景都是不一样的，所以要确保在创建备份之前与客户或租户对应用场景进行评估。

无论 RTO 和 RPO 如何设置，Veeam 都建议先与利益相关者进行充分的沟通，以确保备份实施的配置符合他们的期望。否则，在实施的内容和预期的目标之间可能存在差距。如果需要对存储、网络或软件进行投资以弥补差距，那么这种讨论就能成为争取 IT 项目投资的绝佳的推动因素。

现在我们已经学会了在创建作业时，通过设置特定类型的作业和选项来应用 3-2-1-1-0 规则。接下来我们将研究可以使用 3-2-1-1-0 规则的存储介质，以满足所有的实施需求。

2.5　探究最适合 3-2-1-1-0 规则的存储介质

在实施 3-2-1-1-0 规则进行备份时，应当遵循最佳实践，确保至少使用两种不同类型的存储介质。有许多介质适合在 Veeam Backup & Replication 中使用：

- ❑ 磁盘介质：
  - ❍ 存储区域网（Storage Area Network，SAN）
  - ❍ 存储快照（主存储器）
  - ❍ NFS 网络附加存储 / 网络附属存储（Network Attached Storage，NAS）设备
  - ❍ SMB NAS 设备
  - ❍ USB
  - ❍ 可替换式 / 可移动的存储介质，如 RDX 驱动器
  - ❍ 直连存储（Directly Attached Storage，DAS）的通用磁盘
  - ❍ 将虚拟机复制到主存储的复制作业（在 VMware vSphere 和 Microsoft Hyper-V 环境下）
- ❑ 磁带介质：
  - ❍ LTO（Linear Tape-Open，线性磁带开放协议，一种标准的、用于替代专有格式的磁带存储技术）
  - ❍ WORM LTO（Write Once Read Many LTO，写入一次读取多次，即一次性写入的 LTO）
  - ❍ VTL（Virtual Tape Library，虚拟磁带库）
- ❑ 支持重复数据删除的设备：
  - ❍ Dell Data Domain
  - ❍ HPE StoreOnce
  - ❍ ExaGrid
  - ❍ Quantum DXi
  - ❍ 支持重复数据删除技术的文件系统（Windows 重复数据删除）
- ❑ BaaS/DRaaS
  - ❍ Backup as a Service（备份即服务）
  - ❍ Disaster as a Service（灾难恢复即服务）
- ❑ 云存储：
  - ❍ Azure blob（Microsoft 的云环境对象存储，适合存储巨量的非结构化数据）
  - ❍ AWS S3（Amazon Web Service S3，Amazon 提供的一种元数据存储服务）
  - ❍ 兼容 S3 的云存储
  - ❍ IBM 云对象存储
  - ❍ Google Cloud（谷歌云）对象存储

应根据想要实施 3-2-1-1-0 规则的方式以及所在组织的需求选择最适合的存储媒介形式。接下来我们将研究当采用符合 3-2-1-1-0 规则的各种媒介进行备份时，各种不同的排列组合方式，因为每一种组合都各有其优点和缺点，我们将针对每种方式提供一些实用的建议。

2.5.1 方案1

要配置备份以满足 3-2-1-1-0 规则有多种方式，下面的方案是其中之一：

1. 主备份到磁盘——备份到具有高速存储的 NAS 或 SAN 上。

2. 二级副本位于另一种形式的磁盘——备份拷贝到重复数据删除设备或较低等级的存储上。

3. 备份到磁带——LTO 磁带备份。

这种组合是在备份行业能见到的比较典型的应用方案之一，它完全符合 3-2-1-1-0 规则，并使用两种形式的磁盘介质，如 SAN 和 NAS。

图 2.7 展示了如何设置备份作业的主存储。

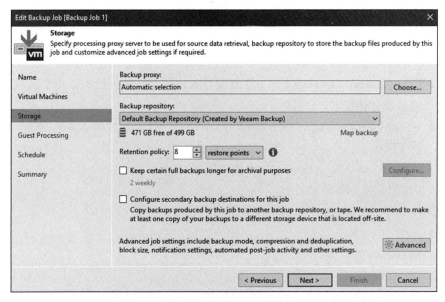

图 2.7 备份到磁盘的作业

图 2.8 展示了将备份拷贝作业设定到二级磁盘存储的操作。

配置完上述备份拷贝作业后，再来配置备份到磁带的作业，如图 2.9 所示。

以下是采用方案 1 配置的优点：

❏ 用两种不同形式的磁盘介质以及磁带来满足三个数据副本的要求。

❏ 通过使用磁盘和磁带以实现两种形式的存储介质的要求。

❏ 磁带或第二级磁盘可以作为异地数据副本。

❏ 作为物理隔离的存储介质，磁带备份可以防止数据被勒索软件感染。

以下是采用方案 1 配置的不足之处：

❏ 所使用的两种形式的介质可能会损坏。

❏ 磁带介质如果用于异地数据副本，那么访问其数据会比较费时间，因为它通常会存放于安全的场所。

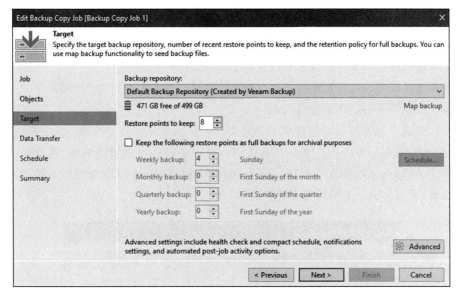

图 2.8　设定备份拷贝作业到二级磁盘存储

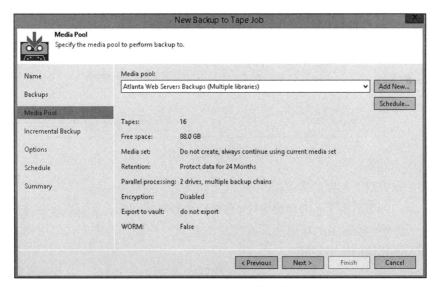

图 2.9　完全备份到磁带的作业

> 提示　使用这种方法进行备份以满足 3-2-1-1-0 规则时，需确保第一个磁盘形式的备份位于高速存储上，但其数据只保留最短的时间。备份到二级磁盘和磁带介质的数据副本则可以保留更长时间。在使用磁带时，应确保它被存储在一个安全的地方，并且需要经常进行恢复测试。磁带介质的寿命能长达 30 年，但这完全取决于它的存放地点和保管方式。

方案 1 是备份时很常见的一种配置。现在让我们来看看第二种方案。

2.5.2 方案 2

下面的方案介绍了第二种满足 3-2-1-1-0 规则的备份配置方式：

1. 主备份到磁盘——备份到具有高速存储的 NAS 或 SAN 上。

2. 将存储快照作为二级副本——与存储系统整合，为备份提供快照数据。

3. 备份到磁带——LTO 磁带备份。

调整后的这个方案使用了与方案 1 不同类型的存储媒介与存储快照。这是在近 10 年的时间里出现的较新技术之一。如图 2.10 所示，可在备份作业的 Storage（存储）设置选项卡中，单击 Advanced（高级）按钮，进入 Advanced Settings（高级设置）界面，然后在 Integration（集成）选项卡中配置存储快照。

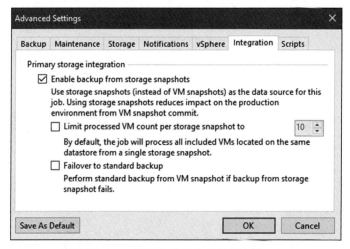

图 2.10　设置备份的存储快照集成

以下是采取方案 2 配置的优点：

❏ Veeam Backup & Replication v11a 有存储快照集成功能，可以直接从快照中进行备份，因而不影响生产环境中正在使用的卷或服务器。这种方式的用例之一，是与 NetApp 存储的快照集成。

❏ Veeam 存储快照浏览器可对存储集成所创建的快照进行浏览，以及进行数据恢复。

❏ 通常磁盘和存储快照都位于速度最快的存储介质上。

❏ 从磁盘和存储快照进行数据恢复操作，速度都很快。

❏ 当测试虚拟机恢复时，存储快照很容易就能克隆到卷中，且不影响运行中的业务系统。

❏ 可以将磁带用于异地的数据副本。

❏ 用磁带备份作为物理隔离的介质，可以防止勒索软件感染数据。

以下是采取方案 2 配置的不足之处：

- ❏ 不是所有的存储系统都支持存储快照功能，采用此方案可能需要购买更昂贵的存储阵列。
- ❏ 磁带介质如果用于异地数据副本，那么访问其数据会比较费时间，因为它通常会存放于安全的场所。

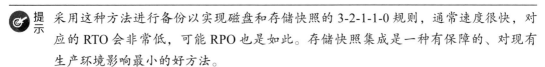

> 提示　采用这种方法进行备份以实现磁盘和存储快照的 3-2-1-1-0 规则，通常速度很快，对应的 RTO 会非常低，可能 RPO 也是如此。存储快照集成是一种有保障的、对现有生产环境影响最小的好方法。
>
> 请访问以下网站，以了解更多有关支持 Veeam Backup & Replication 存储集成的产品以及供应商的信息：https://www.veeam.com/storage-integrations.html。

方案 2 向我们展示了运用存储快照集成功能来实现 3-2-1-1-0 规则的方法。接下来是第三种方案，使用 Veeam Cloud Connect 作为备份作业的配置。

2.5.3　方案 3

下面是为实现 3-2-1-1-0 规则而配置备份作业的第三种方案，使用 Veeam Cloud Connect 技术实现 DRaaS（Disaster Recovery as a Service，灾难恢复即服务）：

1. 主备份到磁盘——备份到具有高速存储的 NAS 或 SAN 上。
2. DRaaS——将虚拟机复制到服务提供商——订阅 Veeam Cloud Connect 服务，从而可以在服务提供商处存储备份数据。
3. 备份到磁带——LTO 磁带备份。

虽然其中的两个备份副本是相似的，但使用服务提供商的 DRaaS 是一种全新的方式，使用复制（这里的复制并非传统意义上的 Copy 命令复制 / 拷贝操作）来备份数据和服务器。服务器或虚拟机复制是一种比较新的技术，它将服务器的副本数据发送给服务提供商，这些副本数据在系统发生故障或灾难之前一直处于休眠状态。一旦生产环境出现系统故障或灾难等情况，可以立即打开这些副本服务器的电源令其上线运行，立即可用。图 2.11 展示了如何配置复制作业，从而将服务器备份到 Veeam Cloud Connect，以便在需要时可以使用。

以下是采取方案 3 配置的优点：

- ❏ 将虚拟机复制到服务提供商，能确保数据的弹性数据恢复能力，且实现异地备份。
- ❏ 本地数据中心的损坏将不再是问题，因为此时可以打开位于服务提供商那里的虚拟机副本。
- ❏ 通过虚拟机复制可以进行故障转移测试，以确保数据可以访问，服务器可以在服务提供商端运行。
- ❏ 可以使用 Veeam 的另一个产品——VDRO 来统筹管理故障转移测试。

> 注意　更多灾难恢复编排相关的信息可在这里找到：https://www.veeam.com/disaster-recovery-orchestrator.html。

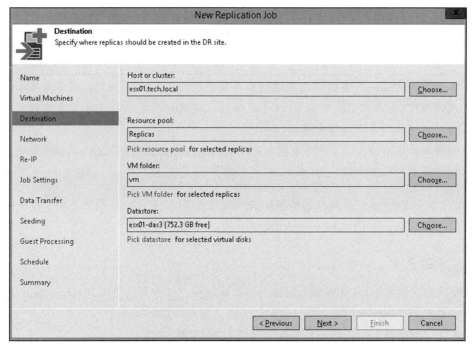

图 2.11 目的地为服务器提供商的复制作业

❑ 在正确设置 RAID 级别并基于最佳实践部署的情况下，备份到磁盘总是快速而可靠的。
❑ 磁带备份对于物理隔离备份和异地存储来说非常不错。

以下是采取方案 3 配置的不足之处：

❑ 服务提供商可能发生故障而导致数据丢失，在这种情况下需要从现场备份数据中再次重传数据。
❑ 与服务提供商间的网络连接可能由于某些原因中断，从而导致异地复制暂停。
❑ 磁盘故障（取决于具体配置）可能导致数据损坏或丢失。
❑ 磁带可能会磨损老化，这取决于它们的保管方式和其他因素。
❑ 读取磁带上的数据比较费时间，进行数据恢复时也是如此。

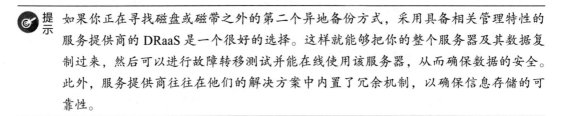

提示 如果你正在寻找磁盘或磁带之外的第二个异地备份方式，采用具备相关管理特性的服务提供商的 DRaaS 是一个很好的选择。这样就能够把你的整个服务器及其数据复制过来，然后可以进行故障转移测试并能在线使用该服务器，从而确保数据的安全。此外，服务提供商往往在他们的解决方案中内置了冗余机制，以确保信息存储的可靠性。

现在我们已经在方案 3 中介绍了 Veeam Cloud Connect，接下来看看方案 4，它介绍了许多 Veeam Backup & Replication 中的最新技术。

2.5.4　方案 4

方案 4 展示了如何使用 SOBR、容量层拷贝模式和 Veeam Cloud Connect，将三者结合起来以匹配 3-2-1-1-0 规则：

1. 主备份到磁盘：采用 SOBR。
2. 容量层：采用拷贝模式。
3. 服务提供商：采用 Veeam Cloud Connect。

上述符合 3-2-1-1-0 规则的这三种手段都用到了 Veeam Backup & Replication 的一些更高级的功能。第一个备份实现了基于磁盘的 SOBR，SOBR 和区段的数量取决于所用 Veeam 的许可证。然后，在具有拷贝模式的 SOBR 中拥有容量层，这意味着每当性能层上的备份作业完成时，它会直接将备份复制到对象存储中去。取决于所购买服务，Veeam Cloud Connect 允许创建一个备份作业、一个备份拷贝作业或一个复制作业，并支持与各种备份类型对应的、不同类型的恢复作业，因此，可以采取多种方式将数据传送到异地。

图 2.12 展示了如何基于 SOBR 备份存储来创建备份作业。

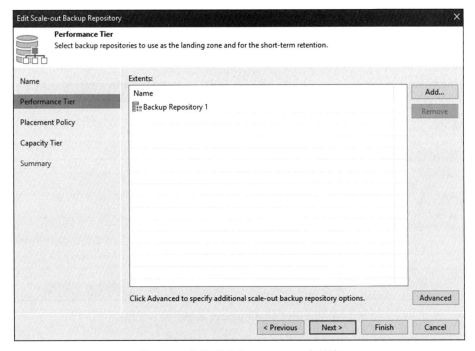

图 2.12　备份到磁盘——SOBR 存储库

图 2.13 展示了使用拷贝模式的 SOBR 备份存储库的容量层。

容量层可以使用对象存储，如 Cloudian（一家企业数据存储公司，总部位于美国加利福尼亚州），如图 2.13 所示。图 2.14 展示的是配置服务提供商的过程，之后则可以使用服务提供商提供的 Veeam Cloud Connect 进行备份：

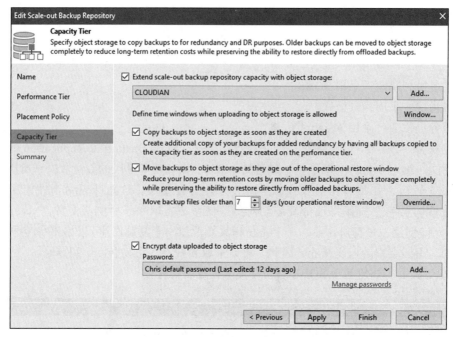

图 2.13 容量层——启用了拷贝模式

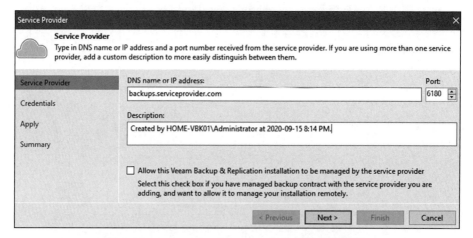

图 2.14 Veeam Cloud Connect 备份的服务提供商

以下是采用方案 4 配置的优点：

❑ 由于设置了性能层或区段（连接到 Windows 或 Linux 服务器的存储），并且可以有一个以上的区段，因此 SOBR 扩展式存储库具备弹性数据恢复能力，即使某个区段出现故障，也可以做到磁盘空间的平衡和冗余。

❑ 扩展式存储库也可以根据需要来进行扩容，无论运行在 Windows 平台还是 Linux 平台上。

提示　正如 Veeam Backup & Replication 文档中所指出的，混合使用操作系统是被允许的。但是，最佳实践表明，通常不应该这样混用，因为我们可能会遇到问题。在同一系统上安装多个备份产品，或与其他产品共享备份系统也是如此。用 Veeam 的备份基础架构尽可能多地分离各备份系统能带来最好的用户体验。

❏ SOBR 的容量层是一个非常好的基于拷贝模式的实现异地备份的方法，因为当性能层上的备份完成时会立即复制到容量层。

❏ 根据在容量层内使用的对象存储的供应商所提供的功能特性，可以采用对象锁来防止勒索软件，并使相关数据变得不可更改。

❏ 不可变的备份还可以防止意外删除操作，或恶意的 Veeam Backup & Replication 控制台管理操作。

❏ 通过服务提供商的 Veeam Cloud Connect 云服务，可以做到通过多种途径来实现异地数据备份。

❏ 此外，使用服务提供商的服务，通常来说都可以通过他们的系统提供的机制获得冗余数据保护。

❏ 许多服务提供商还为 Veeam Cloud Connect 提供内部保护，这样就可以防止由意外删除、管理员恶意操作或勒索软件导致的备份被删除。虽然这种内部保护提供了很好的备份恢复能力，但不要把它算作 3-2-1-1-0 模型中的一个备份副本。

以下是采用方案 4 配置的不足之处：

❏ 如果备份到 SOBR 存储库的设置不当，则会导致无法获得最佳性能。

❏ 如果某个备份链或数据在进入基于磁盘的 SOBR 存储库备份时被损坏，那么它也会以同样的状态被复制到容量层。

❏ 如果服务提供商出现服务中断或硬件故障的情况，那么可能会导致数据损坏且无法访问。

❏ 如果你的或服务提供商的网络出现中断，会引起数据备份作业暂停，预期的 RPO 或 SLA（Service Level Agreement，服务等级协议）窗口就会失效。

重要提示　所有这里提到的技术都用到了 Veeam Backup & Replication 的更高级的功能。SOBR 扩展式存储库实现了扩展性、弹性和性能的增强。将这些与本地数据备份结合起来使用是一种很有价值的建议。除此之外，如果将扩展式存储库与容量层的使用结合起来，就能达到同时在本地和异地备份数据这样一举两得的效果。在选择服务提供商时，尽量选那些能提供对象锁和不可变存储特性的。服务提供商为基于 DRaaS 的数据备份提供了许多成型的方案，所以选择使用一个可以让你的数据有两个或更多的副本在异地的方案，这样做永远都是有好处的。

介绍完方案 4，我们再来看看最后一个方案，在混合模式中引入将数据备份到磁带，以满足 3-2-1-1-0 规则的要求。

2.5.5　方案 5

最后的这个方案将涵盖已经讨论过的其他方案的主题，但会引入将数据备份到磁带，从而作为满足 3-2-1-1-0 规则的一种方法：

1. 主备份到磁盘。

2. 服务提供商——Veeam Cloud Connect。

3. 备份到磁带。

这个组合是另一个在备份行业中能看到的比较典型的场景，它完全满足 3-2-1-1-0 规则，使用磁盘、磁带和服务提供商来实现。磁带和服务提供商均作为异地备份。

图 2.15 展示了为服务提供商存储库配置的备份作业，如 Backup repository（备份存储库）选项所显示的：Cloud repository 1（云存储库 1）。

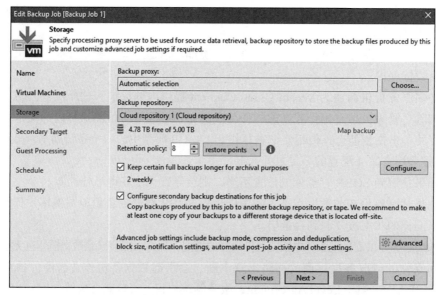

图 2.15　服务提供商备份到云存储库的作业

以下是采用方案 5 配置的优点：

❑ 使用了三种形式来满足备份要求：磁盘、磁带和服务提供商。

❑ 通过拥有三种形式的备份来确保备份数据的弹性。

❑ 可以同时使用磁带和服务提供商的存储作为异地备份的数据副本。

❑ 作为物理隔离的存储介质，磁带备份可以防止勒索软件感染数据。在这种情况下，服务提供商将在收到租户从现场发送过来的数据后，执行备份到磁带的作业。

❑ 使用服务提供商的服务，是确保数据安全性且有异地数据副本的最佳手段之一。

以下是采用方案 5 配置的不足之处：

❑ 服务提供商可能发生故障而导致数据丢失，在这种情况下需要从现场备份中再次重传数据。

❑ 与服务提供商间的网络连接可能出于各种原因中断，从而导致异地复制暂停。

❑ 磁盘故障（取决于其具体配置）可能导致数据损坏或丢失。

❑ 磁带可能会磨损老化，这取决于它们的存储方式和其他因素。

❑ 读取磁带上的数据比较费时间，进行数据恢复时也是如此。

❑ 恢复磁带数据时，服务提供商作为中间人进行相关操作，将增加恢复过程花费的时间。

> **ⓘ 重要提示**　虽然使用这三种形式的存储介质符合 3-2-1-1-0 规则，但其他方案具备更好的弹性，能提供更多的数据保护。当使用基于磁盘的备份时，应始终确保使用高速存储介质以加快备份和恢复操作的速度。尽可能做到把磁带存放于异地，如果把磁带放在本地，那么也应把它们存储在安全的场所。要定期进行磁带数据恢复测试，以确定能恢复其数据且能满足预期的 RPO。此外，当使用服务提供商的备份数据副本或复制的数据时，一定要经常进行恢复测试。虽然在一般情况下数据很少会被破坏或删除，但必须以防万一。

虽然上述这些方案都提到 3-2-1-1-0 规则，但其中很多内容只涉及了 3-2-1-1。那么，规则中的 "0" 又是怎么回事呢？如何确保满足这一要求呢？在 Veeam Backup & Replication v11a 中，有一个叫 SureBackup 的组件，它可以用来测试和验证所备份的数据，以确保备份数据没有错误，且存储介质可正常访问。

如前文所述，有多种设置备份基础架构的方法以满足 3-2-1-1-0 规则。也有许多类型的存储介质可以使用，我们看到的这些不同组合所构成的方案阐明了这一点。

小结

本章讨论了通过遵循 3-2-1-1-0 规则进行备份来保障数据安全的重要性。我们了解了什么是 3-2-1-1-0 规则，以及在创建备份时它意味着什么，然后学习了这个规则如何保护数据使其免受勒索软件侵害、避免数据损坏和可能的数据中心损失。我们还学习了备份的 GFS 数据保留策略，以明确如何保留数据从而满足所需的 SLA、RPO 和 RTO。本章内容还包括对可以使用的不同类型的存储介质和各种备份方案的讨论。

第 1 章和第 2 章内容涵盖了 Veeam Backup & Replication 的安装基础知识，包括其最佳实践和优化，以及实现弹性数据扩展的 3-2-1-1-0 规则。第 3 章将进入本书的下一部分，介绍 Veeam Backup & Replication v11a 的更高级和更新的功能。

CDP 和不可变性——强化的存储库、备份及对象存储

本部分内容将列举并讨论 Veeam Backup & Replication v11a 的最新功能，包括 v11a 新增的 CDP(Continuous Data Protection，连续数据保护，又称持续数据保护) 功能及其实现要求，以及强化的存储库的不可变性，这些存储库是基于 Linux 的。我们还会讨论许多新的备份功能和功能改进，以及新的、支持范围更广的对象存储，包括 Google Cloud 和 Microsoft Azure。学完第二部分内容以后，即可掌握丰富的、能在你的信息系统环境中实现和使用的有关这些新功能的知识。

CDP——连续数据保护

CDP 是 Veeam Backup & Replication v11 中的一项新技术，可帮助我们保护关键任务的 VMware 虚拟机。当某些应用程序不能接受几秒钟乃至几分钟的数据丢失时，CDP 就能发挥其作用。此外，CDP 能实现最小的 RTO，因为虚拟机的副本处于随时待命的状态。本章将讨论什么是 CDP 以及使用 Veeam Backup & Replication 进行 CDP 部署最有效的方法，如何设置 VAIO（vSphere API for I/O Filtering，vSphere I/O 过滤器 API 接口），配置源 CDP 代理、目标 CDP 代理，以及设置 CDP 策略，并介绍用于 CDP 部署过程的 Veeam Backup & Replication 组件。在本章结束时，我们对 CDP 将会有更深入的理解。

3.1 技术要求

学习本章内容需安装 Veeam Backup & Replication，且要能访问 VMware 环境以使用 CDP。如果你是从头阅读本书的，可参考第 1 章，其内容涵盖了 Veeam Backup & Replication 的安装及优化。此外，还可以在这里查阅 Veeam 官方网站上的 CDP 相关的内容：https://help-center.veeam.com/docs/backup/vsphere/cdp_replication.html?ver=110。

3.2 理解什么是 CDP

随着 Veeam Backup & Replication v11a 版本的发布，用户获得了以接近于零的 RPO 来实现对关键任务相关业务负载的保护能力。通过创建虚拟机的副本，CDP 可以让用户使用复制技术来保护他们最关键的应用程序。

下面是一些关键应用系统的例子：

❏ 金融系统

❏ 信息传递系统

❏ 安全监控工具

❏ 远程访问应用

图 3.1 概述了 CDP 所需的组件和架构。我将逐一解释每个组件及其在 CDP 整体架构中发挥的作用，以及它们对虚拟机环境中 CDP 部署成败的影响。

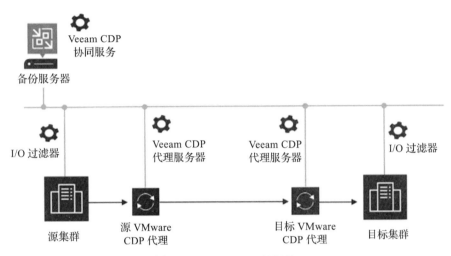

图 3.1　Veeam CDP 的架构

Veeam 环境中构成 CDP 的组件包括如下这些：

1. Veeam Backup & Replication 服务器：用于运行 Veeam CDP 协同服务。

2. 带 I/O 过滤器的源主机和目标主机：安装在 VMware 源集群和目标集群的 ESXi 主机上的 VAIO 驱动程序。

3. CDP 代理：在源主机和目标主机之间传输数据的 Data Mover（数据传输器）组件。

4. CDP 策略：通过策略定义要保护哪些虚拟机、在哪里存储副本数据，以及需要创建的短期还原点和长期还原点的复制频率。

现在我们介绍了构成 CDP 的各组件，接下来将从在 Veeam 备份服务器上安装 Veeam CDP 协同服务开始，进一步了解每个组件的具体情况。

3.2.1　备份服务器——Veeam CDP 协同服务

Veeam Backup & Replication 服务器是 Veeam 的主要组成部分，它是运行 Veeam CDP 协同服务的服务器。CDP 协同服务可以完成以下工作：

❏ 协调虚拟机复制操作和数据传输任务。

❏ 管理 CDP 策略的资源分配。

3.2.2 带 I/O 过滤器的源主机和目标主机

通常，在进行虚拟机复制时，会有一个源集群（主数据中心）和一个目标集群（灾难恢复数据中心）。在每个集群中，都有安装了 I/O 过滤器驱动程序的 VMware ESXi 主机服务器，使用 VAIO 接口。VAIO 是一个框架，使第三方（合作伙伴）能够开发可在 ESXi 中运行的过滤器，从而可以拦截并处理从虚拟机客户操作系统到虚拟磁盘的所有的 I/O 请求。此外，如果没有经过第三方创建的 I/O 过滤器的处理，虚拟机操作系统的 I/O 操作将不会被发出或提交到磁盘。

图 3.2 从 VMware 的视角描述了 VAIO 的概况。

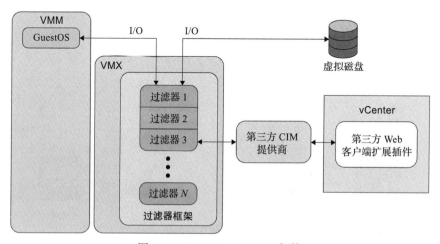

图 3.2　VMware——VAIO 架构

了解 VAIO 的架构之后，我们可以在图 3.3 中从 Veeam 的角度来查看 CDP 所有组件间的协作关系。

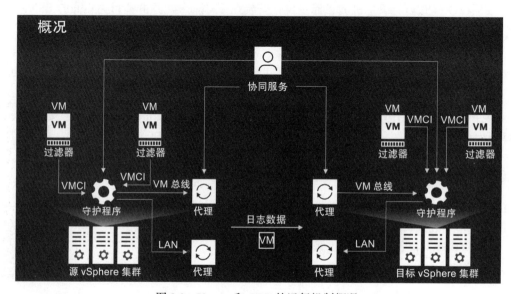

图 3.3　Veeam 和 CDP 的运行机制概况

3.2.3　CDP 代理

CDP 代理的工作方式与 Veeam 中的标准备份作业代理非常相似，即作为数据传输器在源主机和目标主机之间传送信息。Veeam 建议在生产站点（源代理）和恢复站点（目标代理）各配置一个。两个代理都执行以下任务：

❑ 源代理从源主机收到的数据中为短期还原点准备数据，并对数据进行压缩和加密（如果在网络流量规则中启用了加密功能），然后将其发送到目标代理。有关网络流量规则的更多详细信息，请参考以下文档：`https://helpcenter.veeam.com/docs/backup/vsphere/internet_rule.html`。

❑ 目标代理接收数据，对其进行解压缩和解密，然后将其发送到目标主机。

有关 CDP 代理的更多信息可参考以下链接：`https://helpcenter.veeam.com/docs/backup/vsphere/cdp_proxy.html?ver=110`。

3.2.4　CDP 策略

CDP 策略与备份作业非常相似，它定义了要保护哪些虚拟机，在何处存储虚拟机副本，需要创建的短期还原点、长期还原点的频率等。每个 CDP 策略可以处理单个或多个虚拟机。

如图 3.3 所示，CDP 包括四个组件：协同服务、I/O 过滤驱动、CDP 代理和 CDP 策略，它们一起协同工作以实现接近于零的 RPO（以秒计）。

与备份作业类似，CDP 代理与 CDP 协同服务、I/O 过滤器联合起来，使这些共同组成 CDP 的各个组件能一起工作，以确保在将虚拟机复制到目标集群时，CDP 策略得到执行。接下来，我们来看一下 CDP 的要求和限制。

3.3　部署 CDP 的要求和限制

在使用 CDP 时，有些要求和限制需要记清楚。下面是相关要求和限制的简要清单。

3.3.1　部署 CDP 的要求

部署 CDP 的要求包括以下这些：

❑ CDP 功能被包含在新的 Veeam 通用许可证中，但如果当前正在使用的是基于 CPU 插槽的传统许可证，则需要先更新为企业增强版许可证。

❑ 环境中的 VMware vSphere 必须是标准版或更高级别的版本。请注意，VMware vSphere Essentials Kit 版（vSphere 基础版）是不被支持的。

❑ 集群中的所有主机必须是相同的主版本——例如都是 7.x 或都是 6.x（6.5 或 6.7——两者的组合也可以）。此外，由 vCenter 服务器管理的集群必须是相同的主版本。

❑ 目标集群必须支持源集群中虚拟机所用的硬件版本（VMware 虚拟机的硬件版本）。

❑ 同一个集群上的虚拟机必须只被一个备份服务器采用 CDP 进行保护，而不能同时被第二个备份服务器进行保护。

❏ 备份服务器必须至少拥有 16GB 内存。

3.3.2　部署 CDP 的限制

部署 CDP 的限制包括以下这些：

❏ CDP 只适用于处于开机状态的虚拟机，且如果虚拟机有 IDE 类型的硬盘驱动器，则必须先关闭其电源进行首次同步。

❏ 每个虚拟机只能被一个 CDP 策略处理。

❏ 目标集群上虚拟机的副本只能使用故障转移操作打开其电源，因为部署 CDP 后该虚拟机的手动开机操作会被禁用。

❏ 在目标 ESXi 主机上，不允许 VMware 存储实时迁移（VMware vSphere Storage vMotion），但支持 Host vMotion（VMware 主机迁移）。

❏ CDP 部署不支持使用了共享磁盘、物理裸设备映射（Raw Device Mapping，RDM）磁盘或 SCSI 总线共享的虚拟机。

> 📷 **注意** CDP 支持采用了虚拟裸设备映射（Virtual Raw Device Mapping，vRDM）磁盘的虚拟机。

❏ 单个虚拟机所支持的最大磁盘数是 50。每个 ESXi 主机支持的最大磁盘数是 500。

关于部署 CDP 的要求和限制，完整的清单可以在这里找到：`https://helpcenter.veeam.com/docs/backup/vsphere/cdp_requirements.html?ver=110`。

如前文所述，部署 CDP 的要求和限制清单涉及的内容相对较多，在规划 CDP 架构时应当仔细考虑。接下来我们将探讨源集群和目标集群上所需的 I/O 过滤器驱动，以便 CDP 能够与 VMware 协同工作。

3.4　理解 CDP 的 I/O 过滤器及其配置

为了用 CDP 保护我们的业务系统负载，需要在虚拟机所在的集群上安装 I/O 过滤器。正如我们在 3.2 节中所介绍的，源主机和目标主机都需要安装 I/O 过滤器。

> ℹ️ **重要提示** 如果启用了 vSphere 生命周期管理组件，则需要按照说明来安装 I/O 过滤器，然后再安装另一个 Veeam KB 补丁，补丁下载地址：`https://www.veeam.com/kb4096`。

为了安装用于 CDP 的 I/O 过滤器，需导航到 Veeam Backup & Replication 服务器的控制台的 Managed Servers（受管服务器）选项卡。在这里可看到所管理的 vCenter 服务器，如图 3.4 所示。

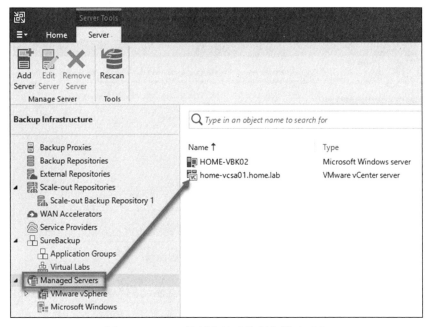

图 3.4　Veeam 控制台的受管服务器选项卡

　　在界面右侧，右击相关的 vCenter 服务器，选择 Manage I/O filters（管理 I/O 过滤器）菜单，或使用工具栏上的对应按钮，如图 3.5 所示。

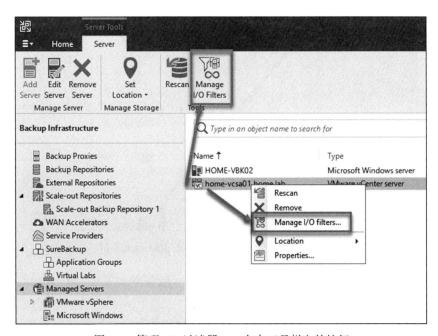

图 3.5　管理 I/O 过滤器——右击工具栏上的按钮

一个新的 I/O Filter Management（I/O 过滤器管理）操作向导将被打开，如图 3.6 所示。

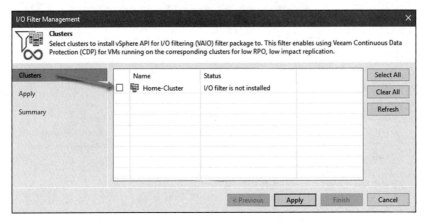

图 3.6　I/O 过滤器管理向导

如图 3.7 所示的窗口展示了选择要安装 I/O 过滤器驱动的 VMware 集群的位置。勾选对应集群旁边的复选框，然后单击 Apply 按钮以继续。

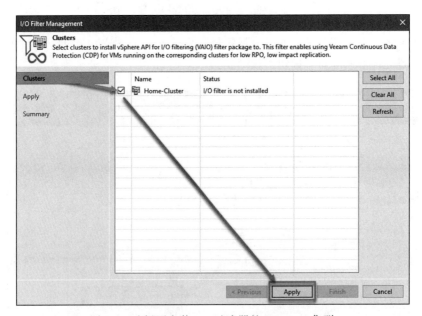

图 3.7　选择要安装 I/O 过滤器的 VMware 集群

单击 Apply 按钮后，界面上会提示是否确认在所选集群上安装 I/O 过滤器。单击 Yes 按钮继续，如图 3.8 所示

单击 Yes 后，则开始在该集群和主机上安装 I/O 过滤器。安装成功完成之后，则可看到所有的复选标记图标。单击 Next 按钮继续操作，如图 3.9 所示。

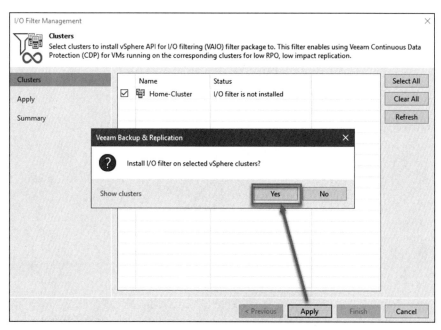

图 3.8　I/O 过滤器安装确认

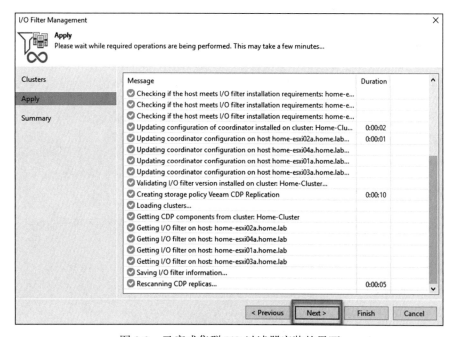

图 3.9　已完成集群 I/O 过滤器安装的界面

　　如对话框中所提示的，现在已经完成了 I/O 过滤器的安装过程，可单击 Finish 退出，回到主控制台窗口，如图 3.10 所示。

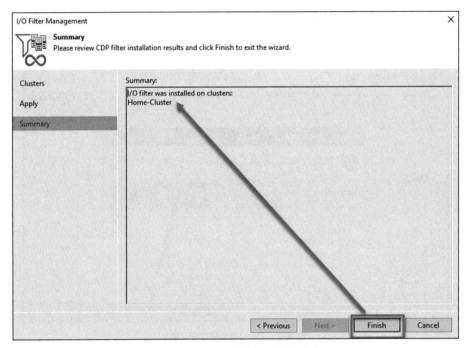

图 3.10　I/O 过滤器安装摘要信息

> 注
> 意　需确认环境中的 DNS（Domain Name System，域名系统）运行正常。备份服务器需
> 通过 FQDN（Fully Qualified Domain Name，完全限定域名）解析 vCenter 和 ESXi 的
> 主机名，反之亦然，否则安装过程将无法正常进行。

集群中 I/O 过滤器驱动程序的安装已经完成。现在，让我们新建一个 CDP 代理，供
CDP 策略在复制虚拟机时使用。

3.5　掌握 CDP 代理及其设置

CDP 代理是执行数据转运操作的组件，它在源主机和目标主机之间传输数据，并服务
于以下任务：

- ❏ 从生产存储中接收虚拟机数据。
- ❏ 聚合变化的数据。
- ❏ 为短期还原点准备数据。
- ❏ 压缩、去除重复数据。
- ❏ 对数据进行加密和解密。
- ❏ 将数据发送到灾难恢复站点的存储或其他 VMware CDP 代理。

图 3.11 描述了在源集群和目标集群上部署 CDP 代理的典型场景。

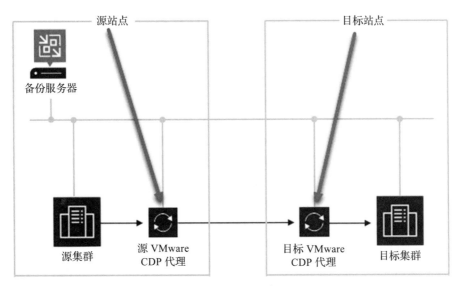

图 3.11　典型的 CDP 代理配置

除基本的设置之外，Veeam 还建议在部署 CDP 前进行系统环境规划，使 CDP 代理只作为源代理或目标代理使用，而不是同时作为源代理和目标代理。一个很好的例子是进行跨集群或跨主机复制（从 ESXi 1 到 ESXi 2，且从 ESXi 2 到 ESXi 1）。在这种情况下，系统中将有四个 CDP 代理服务器，如图 3.12 所示。

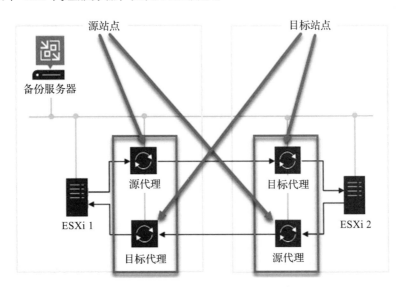

图 3.12　跨集群或主机复制时的 CDP 代理配置

注意　如果将 CDP 代理部署在虚拟机上，则建议将源代理服务器放在源主机上，目标代理服务器放在目标主机上。

每个 CDP 代理都有特定的服务和组件，都会随着代理一起安装：

❏ Veeam CDP 代理服务：它管理所有的 CDP 活动，如数据聚合、压缩和解压缩、数据传输等。

❏ Veeam 安装器服务：这是一个辅助服务，安装后可以分析系统，并根据服务器的角色来安装和升级 Veeam 的组件或服务。

❏ Veeam 数据传输器：它处理故障恢复期间发送/接收的数据流量。

除了这些已安装的服务和组件之外，CDP 代理还会用到一个缓存文件夹来存储数据。通常情况下，CDP 代理将收到的数据存储在 RAM 中，但如果服务器过载且内存耗尽，则缓存文件夹也能存储数据。只有当代理收到目标主机的通知，说它已经成功保存了代理发送的数据之后，内存或缓存内的数据才会被删除。

这里的缓存是设定于驱动器上的一个文件夹，并指定了初始大小，Veeam 建议为每个受保护的虚拟机磁盘分配 1GB 的缓存容量（如果某个虚拟机有 5 个磁盘，那么缓存就需要 5GB）。

除了前面的内容之外，对 VMware CDP 代理还有这些要求：

❏ VMware CDP 代理必须是一个由 Windows 管理的虚拟服务器或物理服务器。

❏ 部署在物理服务器上的 CDP 代理和主机之间需要有高速网络连通。

现在，让我们来看看如何在 Veeam Backup & Replication v11a 环境中设置 VMware CDP 代理：

1. 创建 CDP 代理，首先单击 Veeam Backup & Replication 控制台的 **Backup Infrastructure** 选项卡，然后在界面左上侧的 **Backup Proxies**（备份代理）区域进行操作，如图 3.13 所示。

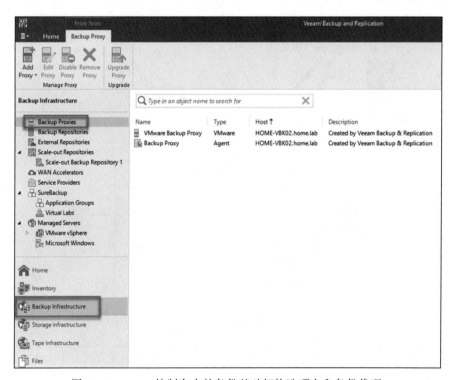

图 3.13 Veeam 控制台中的备份基础架构选项卡和备份代理

2. 在此界面中，单击 Add Proxy（添加代理）按钮，选中 Add VMware CDP proxy（添加 VMware CDP 代理）菜单，或者在屏幕右侧右击，并选择的相同的菜单选项，如图 3.14 所示。

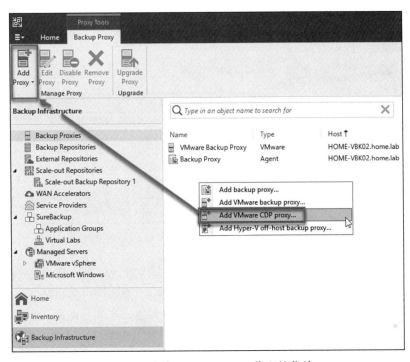

图 3.14　添加 VMware CDP 代理的菜单

3. 上述操作会启动 New VMware CDP Proxy（新建 VMware CDP 代理）的操作向导，如图 3.15 所示。

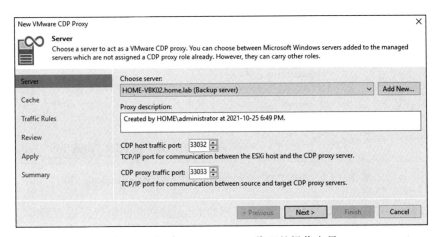

图 3.15　新建 VMware CDP 代理的操作向导

4. 此处需点击 Add New 按钮，从而添加所需的服务器作为代理，源集群和目标集群都需要添加对应的 CDP 代理服务器，如图 3.16 所示。

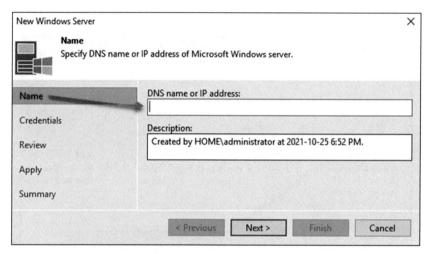

图 3.16　添加一个新的服务器作为 CDP 代理

5. 在 New Windows Server（新建 Windows 服务器）对话框中，填入服务器的 DNS 名称或 IP 地址，并单击 Next 按钮，填写服务器登录凭据（用户名和密码）。然后，再次单击 Next 按钮，确认传输服务将被安装至该服务器，并单击 Apply 按钮继续。最后，单击 Next 按钮，然后单击 Finish 按钮来结束添加新服务器的过程，如图 3.17 所示。

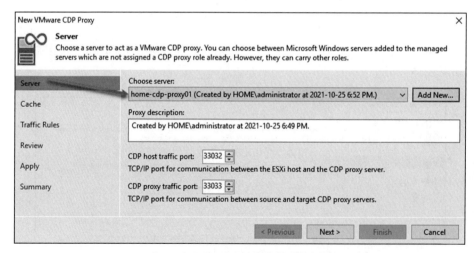

图 3.17　作为 CDP 代理添加的新的 Windows 服务器

6. 单击 Next 按钮继续，并设定 CDP 代理 Cache 文件夹的位置及缓存容量，如图 3.18 所示。

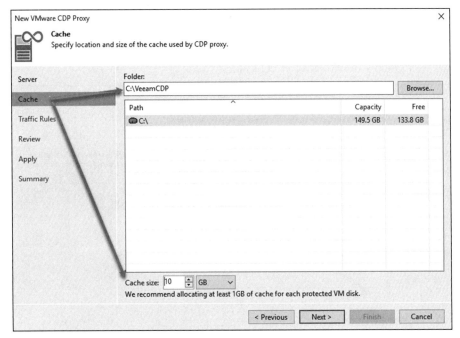

图 3.18　CDP 代理缓存设置

> 💿 提　请记住，每个受保护的虚拟机磁盘（VMDK）都需要 1GB 的缓存，所以缓存容量要
> 醒　设置相应的大小。

7. 在选择驱动器和文件夹并设置虚拟机磁盘的缓存容量之后，单击 Next 按钮导航到新建 CDP 代理向导的 Traffic Rules（流量规则）步骤，如图 3.19 所示。

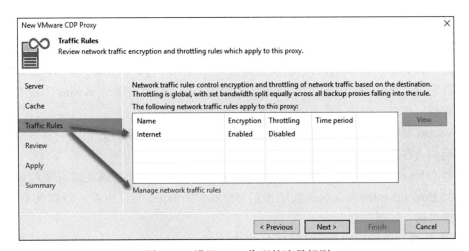

图 3.19　设置 CDP 代理的流量规则

8. 如果 CDP 环境所用的网络对流量有限制，或者有安全方面的要求，那么可以单击图 3.20 中 Manage network traffic rules（管理网络流量规则）链接，进行必要的调整，包括设置流量加密、限流和时间段管理等。

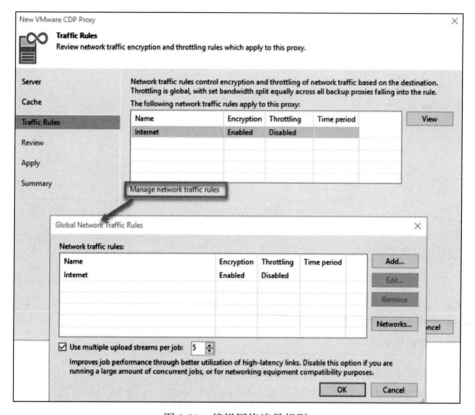

图 3.20　编辑网络流量规则

9. 单击 Next 按钮，进入新建 CDP 代理向导的 Review 阶段，如图 3.21 所示。

10. 此界面中可看到 Server Name（服务器名称）、Server Type（服务器类型）、Cache Size（缓存容量）和 Cache Path（缓存路径）的设置，以及将要安装的 Veeam CDP 代理相关组件。核对无误后，单击 Apply 按钮以继续。

11. Veeam 现在将用上述设置信息来配置并安装 CDP 代理服务，相关的所有步骤完成后均会在图 3.22 中列出。

12. 单击 Next 按钮继续，然后在 Summary 界面单击 Finish。现在即可在控制台界面的 Backup Infrastructure 选项卡的 Backup Proxies 栏目中看到新建的 CDP 代理服务器，如图 3.23 所示。

根据源集群和目标集群分别需要一个 CDP 代理的基本配置要求，总共至少应该有两个 CDP 代理。因此接下来需要重复上述过程，将所需的 CDP 代理安装到对应的集群中。

现在我们已经完成了 CDP 代理部署，接下来看看如何创建 CDP 策略，以及如何基于这些策略来应用已安装好的 CDP 代理。

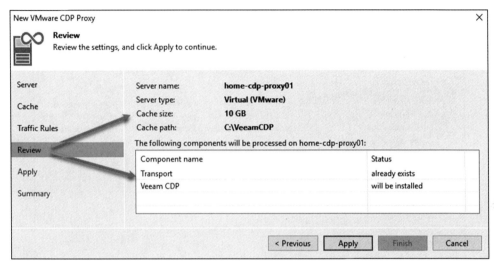

图 3.21　新建 CDP 代理向导配置核对

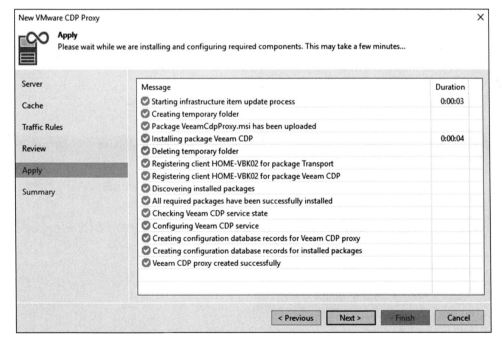

图 3.22　安装并配置 CDP 代理

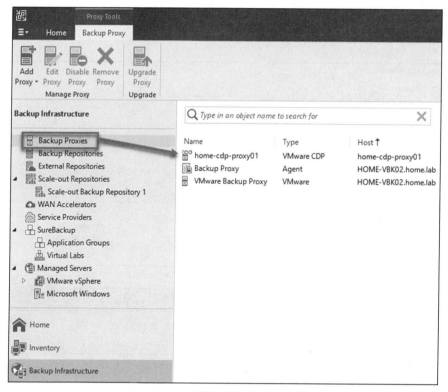

图 3.23　完成安装后待用的 CDP 代理

3.6　探究复制过程中的 CDP 策略

我们已经完成了向 Veeam Backup & Replication 添加 CDP 代理的过程。现在来学习用于数据保护的 CDP 策略以及如何使用它们：

1. 创建 CDP 策略的操作界面，位于 Veeam Backup & Replication 控制台的 **Home** 选项卡，在 **Jobs** 栏目下，如图 3.24 所示。

2. 可单击工具栏中的 **CDP Policy** 按钮，或者右击 **Jobs** 栏，并选择 **CDP policy** 菜单，如图 3.24 所示。

3. 如此即可启动 New CDP Policy 向导，如图 3.25 所示。

4. 在这个界面中，需要设定以下内容：

A. **Name**（名称）：这是该 CDP 策略的名称。

B. **Description**（描述）：输入与策略相关的描述信息，可以包含如 SLA 信息等。

C. 勾选高级选项，如 Replica seeding（副本播种）、Network remapping（网络重映射）或 Replica re-IP（副本 IP 重设）。

5. 选中上述选项后，则可在向导界面左侧看到它们，如图 3.26 所示。

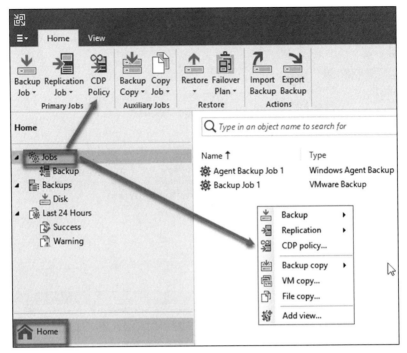

图 3.24　Home 选项卡中用于创建 CDP 策略的作业界面

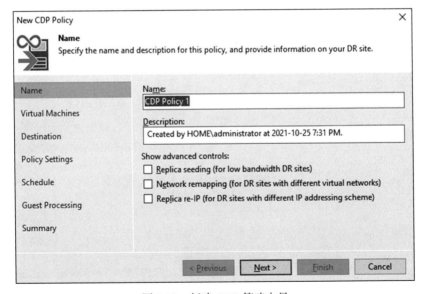

图 3.25　新建 CDP 策略向导

6. 单击 Next 按钮，进入虚拟机选择界面。在这里需要选择希望用此 CDP 策略保护的虚拟机，如图 3.27 所示。

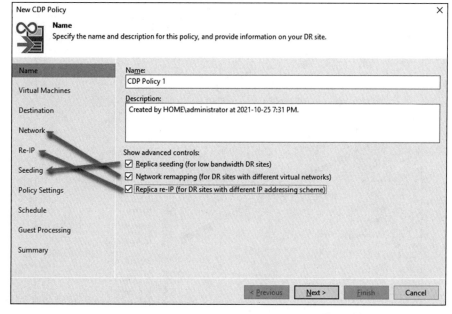

图 3.26 勾选并显示于向导中的高级选项

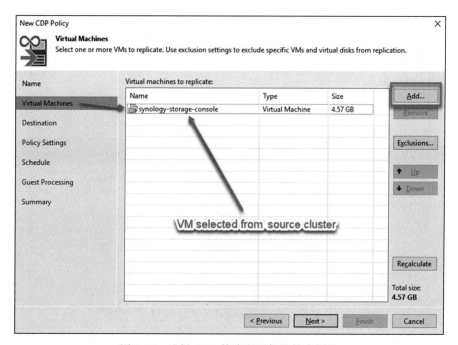

图 3.27 选择 CDP 策略所要保护的虚拟机

7. 单击 Next 按钮，进入 Destination 选项卡，进而选择目标集群或主机，如图 3.28 所示。

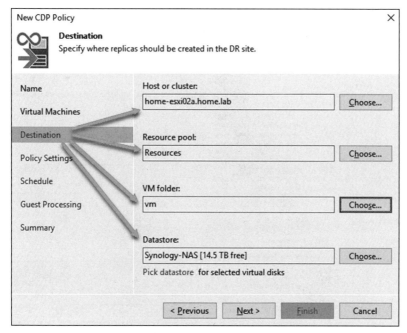

图 3.28　受保护的虚拟机所在的目标集群或主机

📷 注
意　如果前面选中了副本播种、网络重映射或副本 IP 重设这些高级选项，那么现在就需对相关选项进行设置。由于这些是更高级的设置，而我的实验环境中只有一个集群，因此我在这里并未选择相关选项。关于这些选项的更多详细信息，请参考以下链接：https://helpcenter.veeam.com/docs/backup/vsphere/cdp_policy_create.html?ver=110。

---

8. 单击 Next 按钮，现在出现的是向导的 Policy Settings 界面。在这里，需要选择 Source proxy 和 Target proxy，然后对配置的资源进行测试，并指定 Replica name suffix（副本名称后缀）和 Advanced（高级设置），高级设置包括 SNMP 设置及电子邮件提醒设置，如图 3.29 所示。

在图 3.29 所示界面中单击 Test 按钮，可得到如图 3.30 所示的输出信息，以提示当前的配置和相关设置是否有问题。

9. 在向导的 Policy Settings 界面单击 Next 按钮后，就来到了 Schedule 设置界面，在这里可以对 RPO、Short-term retention（短期保留）和 Long-term retention（长期保留）的时间进行设置，如图 3.31 所示。

如图 3.31 所示，RPO 的设置以分钟或秒为单位。默认是 15 秒。还可以设置以下内容：

❑ 短期保留：该选项允许将虚拟机恢复到几秒或几分钟前的状态，具体取决于 RPO 的设定，最长可以保留 24 小时。

❑ 长期保留：如图 3.31 所示，设置此选项可实现每 X 小时创建一个额外的还原点，且将其保留 Y 天，以用于将虚拟机恢复到较早时间点的状态。

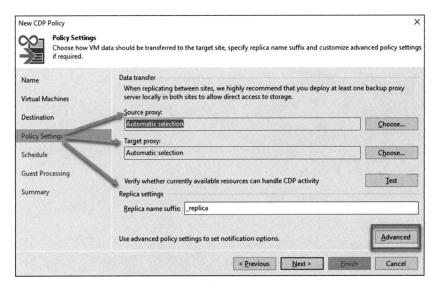

图 3.29　CDP 的策略设置

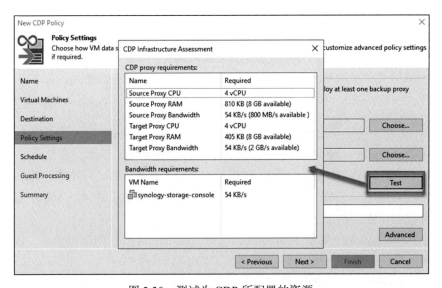

图 3.30　测试为 CDP 所配置的资源

> 注意　RPO 最小设置是 2 秒，但如果 CDP 策略中包含了许多高业务负载的虚拟机，这样的设置可能就不太合适。Veeam 建议 RPO 的最佳设置为不少于 15 秒，最大可为 60 分钟。此外需要记住的是，短期保留的时间窗口设置得越长，目标数据存储上用于 I/O 日志的存储空间消耗就越大。

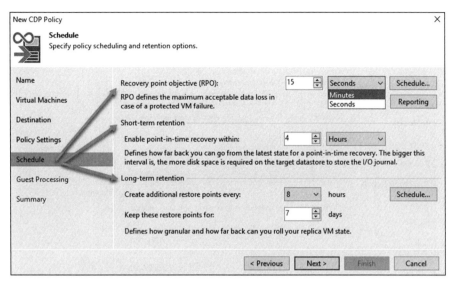

图 3.31　任务计划——RPO、短期保留和长期保留设置

在 Schedule 界面上还有一点需要注意的是，可以为 RPO、短期保留、Reporting 设定任务计划时间表。例如，在单击 Reporting 按钮时，可以设置如图 3.32 所示的这些参数。

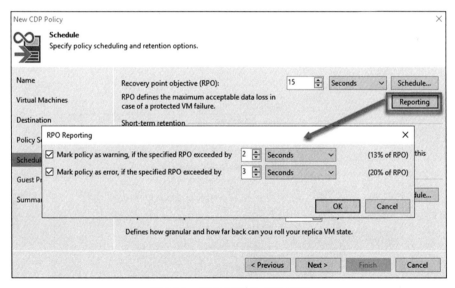

图 3.32　CDP 策略的报告设置

基于此设置，当满足下述这些条件时，Veeam 将在控制台显示警告和错误提示：

1. 单击 Next 按钮，进入 CDP 策略向导的 Guest Processing（客户机处理）选项卡。在这里，可以为虚拟机启用 Application-aware processing（应用程序感知处理），以确保包括日志文件在内的备份数据的一致性，如图 3.33 所示。

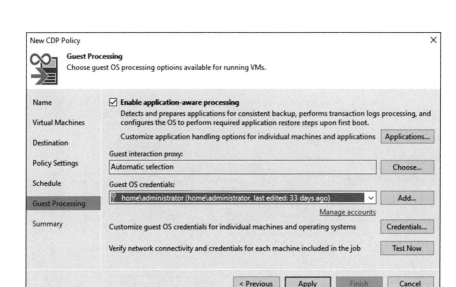

图 3.33 应用程序感知处理选项

2. 在完成所有设置后，单击 Apply 按钮开始创建 CDP 策略，此时将看到 Summary 界面，可以勾选 Enable the policy when I click Finish（完成时启用该策略）选项。这里我们勾上此选项，然后单击 Finish 按钮，退出向导，如图 3.34 所示。

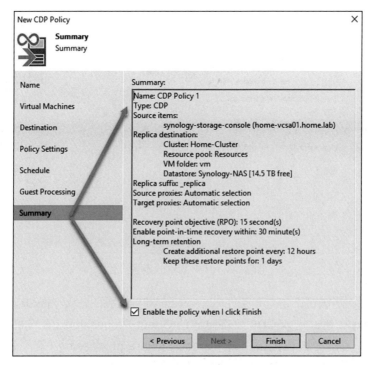

图 3.34 在摘要界面中启用 CDP 策略

单击 Finish 按钮并启用该策略之后，可看到该作业启动并开始做从源集群到目标集群的首次数据同步操作，如图 3.35 所示。

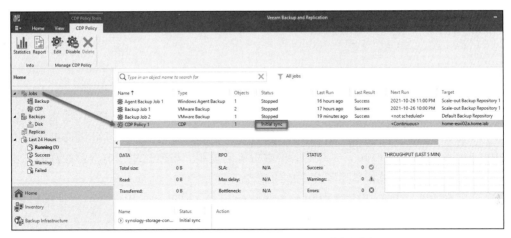

图 3.35　启用 CDP 策略并开始首次数据同步

要打开该 CDP 策略作业（CDP Policy 1），可以双击该作业从而打开如图 3.36 所示的对话框，界面中可以看到复制过程的统计数据，以及是否出现问题，或当前 RPO 是否达到预期。

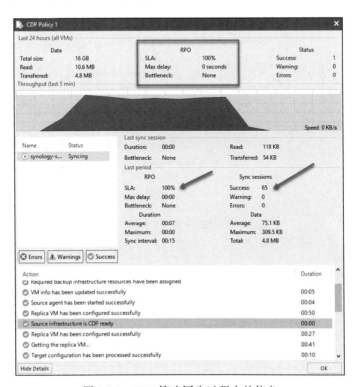

图 3.36　CDP 策略同步过程中的信息

你可能还想要做的一件事情，就是对新创建的 CDP 策略进行故障转移测试，以确保副本虚拟机能够有效地发挥作用。虽然故障转移的内容超出了本书的范围，但可以在这里找到所有需要的细节信息：https://helpcenter.veeam.com/docs/backup/vsphere/cdp_failover_failback.html?ver=110。

小结

本章讨论了 CDP 及其需要哪些基础设施组件。介绍了如何添加 CDP 代理服务器，以便在 VMware 源集群和目标集群中使用。我们学习了如何为集群安装 I/O 过滤器，并介绍了如何创建一个 CDP 策略来完成对受保护虚拟机的复制。虽然这里没有介绍故障转移的具体操作，但提供的一个链接描述了其完整的过程。

通过本章内容，我希望你对 CDP 能有更好的理解，以及如何用所需的组件来设置它。第 4 章将深入探讨创建不可变的存储库这一更高级的功能。

延伸阅读

- ❑ CDP 是如何工作的：https://helpcenter.veeam.com/docs/backup/vsphere/cdp_hiw.html?ver=110
- ❑ 保留策略：https://helpcenter.veeam.com/docs/backup/vsphere/cdp_retention.html?ver=110
- ❑ 可靠交付：https://helpcenter.veeam.com/docs/backup/vsphere/cdp_guaranteed_delivery.html?ver=110
- ❑ 副本播种和映射：https://helpcenter.veeam.com/docs/backup/vsphere/cdp_seeding.html?ver=110

第 4 章 *Chapter 4*

不可变性——强化的存储库

Veeam Backup & Replication 有一项备份存储技术，称为强化的存储库，它是作业的备份数据存储场所。可以将强化的存储库添加到扩展式存储库，以进一步扩展备份并使用多样化的存储服务器。

本章将介绍什么是强化的存储库以及如何更好地使用它，了解如何为扩展式存储库的性能层配置强化的存储库，然后学习如何使用新的一次性凭据机制来创建强化的存储库。我们还将研究如何通过消除 SSH 依赖来进一步保护服务器。最后，通过配置备份作业，从而实现对新创建的强化的存储库的不可变性的运用。

完成本章内容的学习，你将掌握如何配置强化的存储库，将其添加到某个扩展式存储库，并设置备份作业以利用强化的存储库的不可变性。

4.1　技术要求

学习本章内容需要提前安装 Veeam Backup & Replication，以及用于创建存储库的存储系统。第 1 章涵盖了如何安装 / 升级 Veeam Backup & Replication，在本章中可以直接参考其内容。也可以参考 Veeam 官方网站的强化的存储库的相关文档：`https://helpcenter.veeam.com/docs/backup/vsphere/hardened_repository.html?ver=110`。

4.2　理解强化的存储库

你可能会问，什么是强化的存储库？这么说吧，通过新版的 Veeam Backup & Replication v11a，我们可以使用 Linux 服务器作为存储库，将其用于数据备份，并保护这些备份数据不会因恶意软件的活动或非正常的操作而造成破坏。这个过程可以通过以下特性来实现：

❑ 一次性凭据：这些凭据仅在部署 Veeam 数据传输器服务时使用一次，同时将 Linux 服务器添加到 Veeam 基础架构中。这些凭据在使用后就会被丢弃，不会有任何内容被存储在备份基础架构中，这意味着即使 Veeam Backup & Replication 服务器被入侵，备份数据也是安全的。

❑ 不可变性：在添加 Linux 存储库时，可以选择"使最近的备份不可变"的复选框，并指定文件不可变的时间期限。在此时间范围内，存储库中的备份文件不能被删除或修改，如图 4.1 所示。

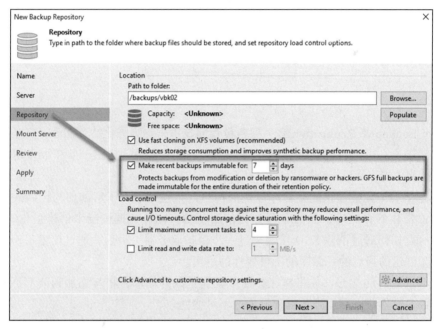

图 4.1　Linux 强化的存储库选项——使最近的备份不可变

针对 Linux 强化的存储库启用不可变特性选项后，Veeam 会做以下事情：

1. Veeam 将创建一个 .veeam.N.lock 文件，其中包含了活动的备份链中每个备份文件的不可变性的时间信息，这些文件被存储在 Linux 主机上。

2. 任何已经写入强化的存储库的备份文件在配置的时间段内是不可变的（最少 7 天，最多 9999 天）。不可变的时间段只针对活动的备份链。如果有多个备份链，那么 Veeam 将不会延长链内旧的备份文件的不可变性。

3. 一旦超出所设定的时间段范围，Veeam 将重新把备份文件标记为非不可变，这样它们就可以被修改或删除。

备份存储库设置中所指的不可变时间段的计数，是从活动备份链中最后一个还原点被创建的时刻开始的。让我们来看一个示例：

❑ 活动备份链的完全备份文件创建于 1 月 12 日，第一个增量备份在 1 月 13 日创建。第二个和最后一个增量备份在 1 月 14 日创建。

❑ 备份库设置的不可变时间期限是 10 天。

❑ 备份文件在 1 月 24 日之前都是不可变的，即最后一个还原点的日期（1 月 14 日）加上 10 天。

现在我们明白了存储库不可变的特性，它让 Linux 存储库变成一个强化了的存储库，我们再看看这个特性支持的作业类型。强化的存储库支持以下这些备份形式：

❑ VMware、Hyper-V 虚拟机的备份作业，以及在 Veeam Backup & Replication 中创建的备份拷贝作业。

❑ Veeam Backup for Azure、Veeam Backup for AWS 和 Veeam Backup for Google Cloud Platform 创建的备份拷贝作业。

❑ 使用 Veeam Agent（Veeam 代理）创建的物理机备份（支持的客户端操作系统包括 Windows、Linux、Mac、Aix 和 Solaris）。

❑ VMware Cloud Director 虚拟机备份作业。

❑ VeeamZIP 备份（Veeam 提供的免费工具，能把 VMware 或者 Hyper-V 的虚拟机打包成一个 Veeam 环境可用的压缩文件）。

❑ 由 Veeam Backup for Nutanix AHV 创建的 Nutanix AHV 虚拟机备份作业。

❑ RHV（RedHat 虚拟化）虚拟机备份作业。

> **ℹ 重要提示**　针对 NAS 备份作业、事务日志备份作业、恢复管理器 / 系统应用和产品，以及基于 Oracle 备份的高性能分析设备 / 系统应用和产品，可以将其备份文件和备份副本文件存储在具有不可变性的强化的存储库中。但是，这些文件自身并不会被标记为不可变。

可以在 Veeam Backup & Replication 官方网站上了解更多关于强化的存储库和其他相关增强功能的信息：https://www.veeam.com/whats-new-availability-suite.html。

现在我们已经了解了什么是强化的存储库，并知道了不可变性标志是如何保护备份数据的。接下来让我们看看如何在 Veeam Backup & Replication v11a 中配置强化的存储库。

4.3　学习 Veeam 强化的存储库的配置

强化的存储库的基础支撑是 Linux 服务器，它使用 Ubuntu 20.04 系统来构建。在将 Linux 服务器添加到 Veeam Backup & Replication 服务器时，需要指定访问凭据（用户名、密码），这些凭据将仅被使用一次（即一次性使用），一旦服务器连接成功后，凭据就会被丢弃，如图 4.2 所示。

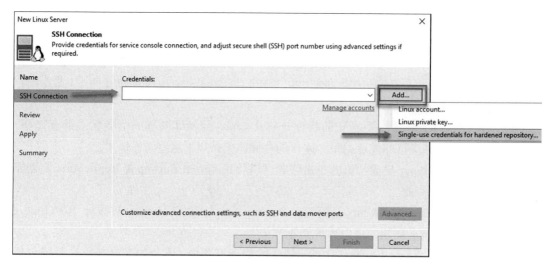

图 4.2 使用一次性凭据添加 Linux 服务器

选择了 Single-use credentials for the hardened repository（强化的存储库的一次性凭据）选项后，就会出现如图 4.3 所示的对话框，可以在这里输入凭据信息。

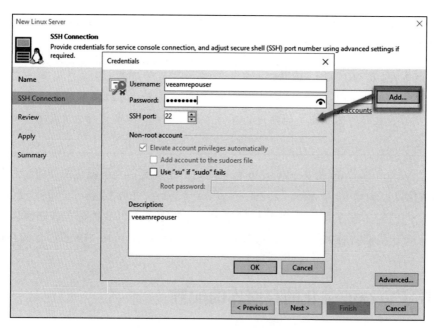

图 4.3 输入待用的一次性凭据

现在继续完成向导的剩余部分，包括根据提示信息接受 SSH 指纹等。完成此向导后，系统将部署 Veeam 传输服务，将 Linux 服务器添加为存储库时要用到该服务。

在创建标准存储库时，需要使用刚才添加的、已包含 XFS 文件系统的 Linux 服务器。

该文件系统使用了较新的被称为 Fast Clone（快速克隆）的技术，它提高了合成备份创建和转换的速度，减少了磁盘空间占用，并降低了存储的负荷。更多相关信息请参考 Veeam Backup & Replication 官方网站：`https://helpcenter.veeam.com/docs/backup/vsphere/backup_repository_block_cloning.html?zoom_highlight=block+cloning&ver=110`。

要创建标准的存储库，需要先设置相关的 Linux 服务器，让包含备份数据的驱动器采用 XFS 文件系统的格式。在创建用于存储库的服务器时，须遵循以下步骤：

1. 考虑使用 Ubuntu 20.04，因为它有最新的内核版本，Veeam 推荐它用于存储库。使用下面的命令，注意将这里的 `/dev/sdb` 替换为你系统中对应的驱动器，以格式化该驱动器用于数据存储。

```
mkfs.xfs -b size=4096 -m reflink=1,crc=1 /dev/sdb
```

2. 设置好存储库服务器后，需通过启动 Add Backup Repository（添加备份存储库）向导将其添加到 Veeam Backup & Replication 中，如图 4.4 所示。

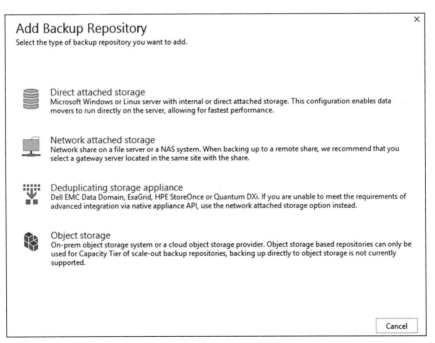

图 4.4　添加备份存储库向导

3. 向导启动后，选择 Direct Attached Storage 选项，在这里可以选择将要连接的是基于 Windows 系统的还是基于 Linux 系统的存储库服务器，如图 4.5 所示。

4. 此时，将看到一个 New Backup Repository（新建备份存储库）窗口，可以在这里填写其 Name 和 Description 信息，然后单击 Next 按钮，如图 4.6 所示。

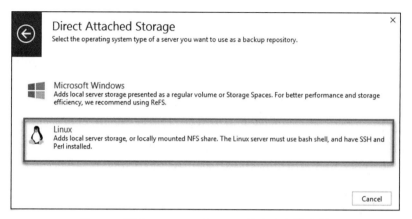

图 4.5　基于 Windows 或 Linux 的直连存储选择

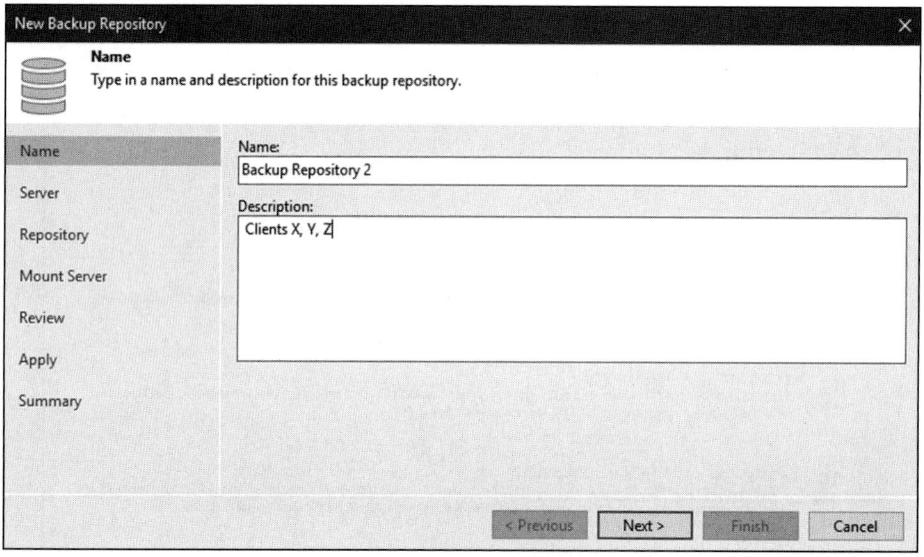

图 4.6　新建备份存储库向导

5. 这里我们选择 Linux 系统作为存储库，并单击 Add New 按钮，然后可看到如图 4.7 所示的窗口。

此处需要输入 Linux 服务器的 DNS 名称或 IP 地址属性，填写 Description 信息栏，然后单击 Next 按钮。

正如你所看到的，每个对话框的标题都对应着所选择添加的服务器类型——New Windows Server（新建 Windows 服务器）或 New Linux Server（新建 Linux 服务器）。

6. 完成 Add New Server 向导后，界面将回到 New Backup Repository 向导，在这里单击 Populate 按钮，则会列出服务器上所有的驱动器，以选择其中某个用作存储库，如图 4.8 所示。

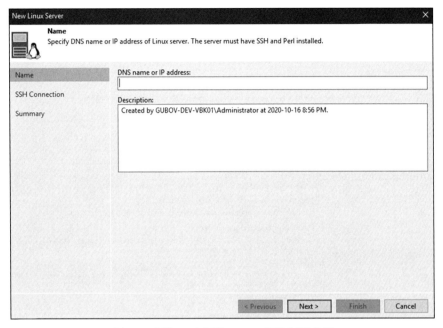

图 4.7　添加一个新的 Linux 存储库服务器

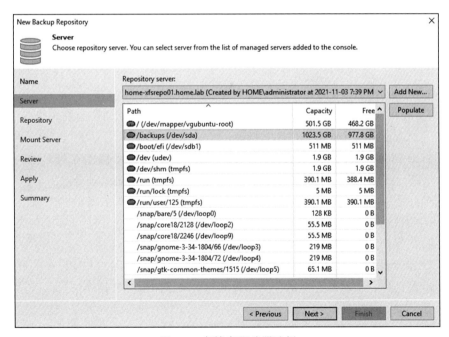

图 4.8　存储库驱动器选择

　　如图 4.8 所示，单击 Populate 按钮之后，Linux 服务器上的驱动器会出现在界面中。选择将用于存储库的驱动器，然后点击 Next 按钮。

7. 界面现在来到向导的 Repository 设置阶段，在这里可以设置各种不同选项，如图 4.9 所示。

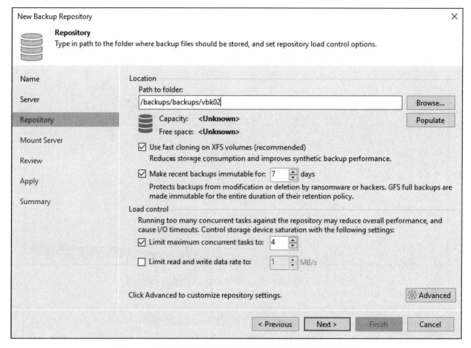

图 4.9 新建备份存储库向导的存储库设置界面

在这个 Repository 窗口中可设置以下这些选项：

❑ Path to folder（存储文件夹路径）。这是将在存储库驱动器上创建的一个文件夹，用来存储备份作业的文件和文件夹。

❑ Use fast cloning on XFS volumes（在 XFS 卷上使用快速克隆）。这是用于在 XFS 卷上启用快速克隆的选项，从而可以实现更快速地处理合成完全备份。

❑ Make recent backups immutable for *X* days（使最近的备份在 *X* 天内不可变）。启用该选项后则使其成为一个强化的不可变存储库，此设置可实现在选定的时间段内保护其备份数据。

❑ Load control（负载控制）。该设置能控制发送到存储库的并发任务的数量和数据读写速率。根据所选择的存储库类型和后端存储系统的具体情况，该设置项会对系统的负载造成影响。

❑ Advanced（高级设置）。在这里可以进行诸如 Align backup file data blocks（备份文件数据块对齐）和 Use per-VM backup files（使用每个虚拟机的备份文件）等选项的设置，如图 4.10 所示。

所有的选项都填写完毕之后，单击 Next 按钮继续。

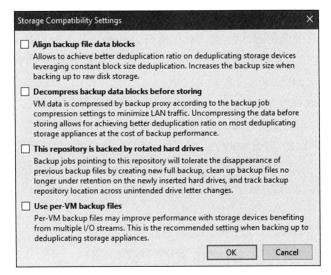

图 4.10　存储库的高级设置

8. 单击 Next 按钮后，界面会来到向导过程的 Mount Server（挂载服务器）阶段，如图 4.11 所示。

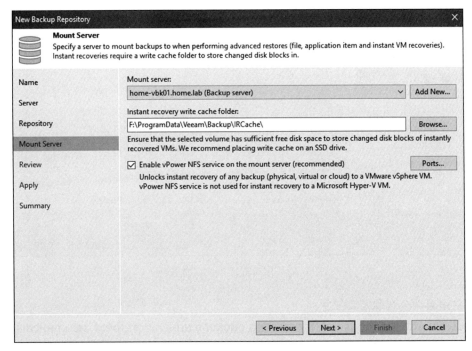

图 4.11　挂载服务器设置

在这里，我们要完成以下选项的设置：

❑ Mount server（挂载服务器）。在进行备份数据恢复操作的过程中，用来进行备份文件挂载的服务器。注意，对于所有 Instant Recovery/vPower 操作来说，都需要一个 Windows 服务器用于备份数据挂载。否则，相关的挂载操作将在 Veeam Backup & Replication 服务器上完成。

❑ Instant recovery write cache folder（即时恢复写缓存文件夹）。在进行虚拟机即时恢复操作时，这个文件夹会被挂载，通常它会被置于 SSD 或其他高性能存储上。

❑ Enable vPower NFS service on the mount server（在挂载服务器上启用 vPower NFS 服务）。这个服务通常安装在挂载服务器上，用于即时恢复各类备份数据（物理服务器、虚拟机或云数据副本）到 VMware vSphere 中。这项服务不会用于 Microsoft Hyper-V 的即时恢复功能。

选好了所有需要的选项后，单击 Next 按钮继续。

9. 在当前这一步，会提示进入到向导过程的 Review 阶段，如图 4.12 所示。

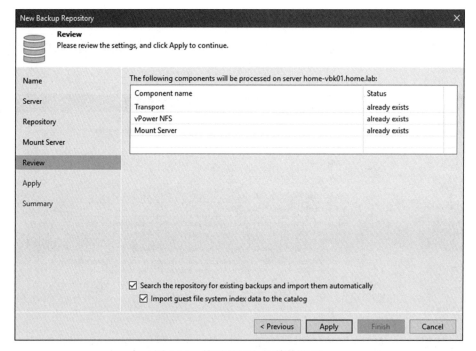

图 4.12 核对界面上的其他选项

这里有两个选项需要注意：

❑ Search the repository for existing backups and import them automatically（搜索并自动导入存储库中的已有备份）。当选择了某个可能以前曾经被用作存储库的驱动器时，此选项将搜索该驱动器并将搜到的历史备份数据自动导入 Veeam 数据库。

❑ Import guest file system index data to the catalog（导入客户机文件系统索引数据

到目录中)。这个选项将导入以前存储库驱动器上可能存在的那些客户虚拟机文件系统的索引。

10. 检查完所有设置的内容后,单击 Apply 按钮,然后是 Next 按钮,最后单击 Finish 按钮,以完成本向导过程。

现在,新建的强化的存储库应该已经出现在 Veeam 控制台界面中 Backup Repositories(备份存储库)栏目中了,如图 4.13 所示。

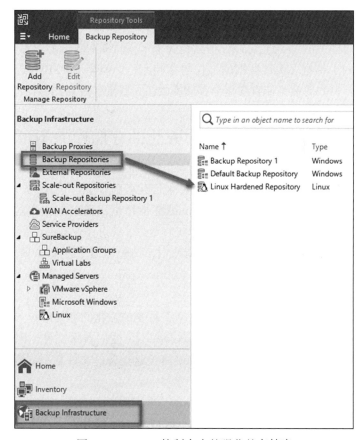

图 4.13　Veeam 控制台中的强化的存储库

至此,我们已经使用一次性凭据在 Veeam Backup & Replication 控制台中添加了一个标准的强化的 Linux 存储库,后面将在 4.5 节中用到它。但在创建备份作业之前,先看一下在使用一次性凭据时,如何消除访问 Linux 存储库服务器时对 SSH 的依赖。

4.4　掌握消除服务器 SSH 依赖的方法

SSH(Secure Shell,安全外壳协议)是一种用于远程连接到 Linux 服务器的方法。在

Veeam Backup & Replication v11a 版本之前，将 Linux 存储库添加到 Veeam 基础架构中需要这项服务。现在，在 Veeam v11a 版本中，可以使用一次性凭据来添加 Linux 存储库，基于此机制消除了在服务器上保持 SSH 服务运行的需求，将服务器的安全性提升到更高的层次。

关于服务器加固和安全防护的更多信息及相关指南，请访问：https://helpcenter. veeam.com/docs/backup/vsphere/hardened_repository_tips.html?ver=110。

在 Veeam Backup & Replication v11a 中，之前对 SSH 协议的使用被封装到扩充后的传输协议中。这使得 SSH 连接仅用于最开始产品部署及安装更新之时。这种变化让安全的 SSH 与交互式 MFA（Multi-Factor Authentication，多因子认证）变得可行，从而可以完全禁用 SSH 服务以保护存储库，甚至可以保护其免受未来零日漏洞攻击的影响。

现在我们明白了带有一次性凭据的强化的存储库是如何弃用 SSH 并进一步增强服务器防护的，接下来看看如何配置带有强化的存储库的备份作业，并启用存储库的不可变性。

4.5 探究备份作业的配置以利用强化的存储库的不可变性

掌握如何使用一次性凭据，并将 Linux 存储库添加到 Veeam 基础架构中以实现不可变特性之后，让我们来学习如何按照所需的设置来创建备份作业。请注意，不可变性有个关键性的限制，就是它只支持 Forward Incremental（正向增量，又称向前增量）备份作业类型，不支持 Reverse Incremental（反向增量，又称向后增量）备份作业类型。

此外，在 SOBR 中使用 Linux 强化的存储库时，请记住以下注意事项：https://help-center.veeam.com/docs/backup/vsphere/hardened_repository_limitations. html?ver=110。

"如果使用容量层选项，请记住，拥有一个不可变的强化的存储库作为容量层区段会影响容量层的运行状态，这种情况下将无法移动那些不可变的备份文件，因为它们无法从容量层区段中删除。Veeam Backup & Replication 将把这类备份文件复制到容量层，当不可变的期限结束时，再将其从性能区段中删除。"

可遵循以下步骤来创建使用强化的存储库的作业：

1. 首先在 Veeam 控制台 Home 选项卡左上区域的 Job 部分下，右击界面右侧，或从工具栏上选择 Backup Job 按钮。然后，选择 Virtual machine 菜单，如图 4.14 所示。

2. New Backup Job 向导将启动。在这里，须指定作业的 Name 和 Description 信息，如图 4.15 所示。

3. 输入作业名称和描述信息之后，单击 Next 按钮，即进入 Virtual Machines 选项卡，这一步需选择所要备份的服务器（虚拟机）。添加了要备份的服务器后，单击 Add Object 窗口中的 Add 按钮，如图 4.16 所示。

4. 接下来将返回到主向导界面。单击 Next 按钮进入 Storage 配置选项卡，这里要选择作业的存储库并设定备份数据的保留期限，如果需要的话，还可进行 GFS 保留策略设置，如图 4.17 所示。

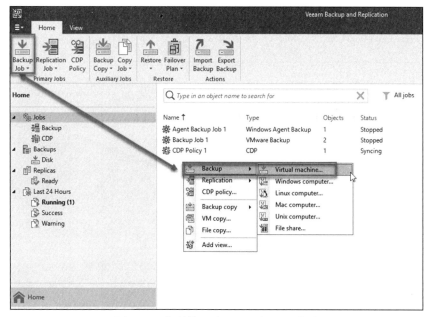

图 4.14　备份作业按钮和鼠标右键菜单

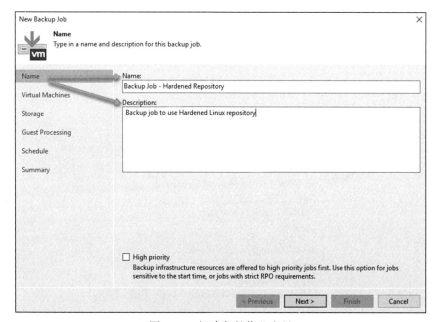

图 4.15　新建备份作业向导

　　选好强化的存储库并对所需的 GFS 保留策略进行设置后，则可单击 Next 按钮继续。

5. 在随后的两个界面中，可对 Guest Processing 相关选项进行配置，然后是 Schedule
时间表配置。完成这些设置后，先单击 Apply 按钮，此时，在单击 Finish 按钮之前，可以在 Summary 选项卡界面上勾选 Run the job when I click Finish（单击 Finish 按钮时运行该作业）选项，如图 4.18 所示。

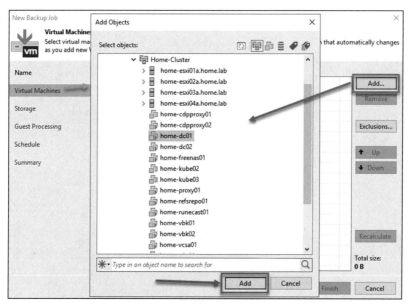

图 4.16 虚拟机选项卡，在这里可以添加要备份的服务器

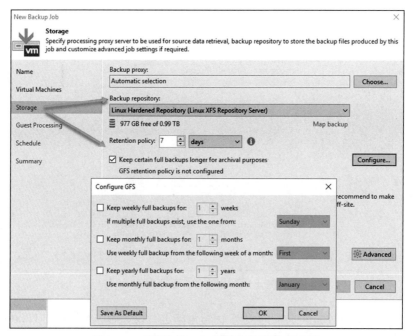

图 4.17 存储设置，包括强化的存储库选择

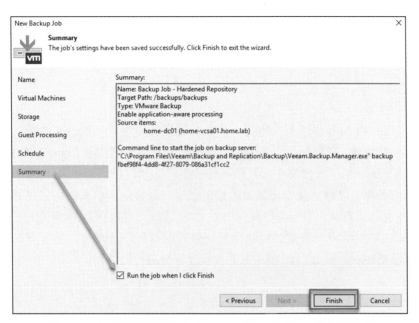

图 4.18　向导摘要界面和点击 Finish 按钮时运行该作业的选项

6. 创建了服务器的备份之后，则可以通过删除 Disk 选项卡上的备份文件，来测试强化的存储库是否按预期正常运转。单击 Delete from Disk 按钮时 Veeam 会出现提示：由于该备份具有不可变性，故不能删除它们。同时，根据强化的存储库中的相关设置，这里还会提示后续可以进行备份文件删除操作的具体时间，如图 4.19 所示。

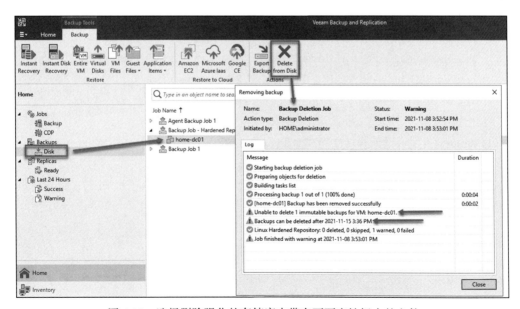

图 4.19　选择删除强化的存储库中带有不可变性标志的文件

至此，我们已经学会了如何新建一个备份作业，利用强化的存储库来保持备份在 X 天内不可更改。这个功能可确保备份数据没有被篡改、且不会有任何文件被删除。

小结

本章讨论了强化的存储库及其组件。我们研究了如何使用一次性凭据将 Linux 服务器添加到 Veeam 控制台，以保证数据的安全，同时还研究了如何使用 Linux（XFS）服务器作为存储库。接下来介绍了在使用一次性凭据的前提下，如何做到通过关闭 SSH 服务或启用 MFA 来保护服务器。之后，我们还学习了如何创建一个备份作业来使用强化的存储库，并理解了当试图删除文件时，由于备份文件的不可变性标志，系统不会允许这样的操作。

通过本章内容的学习，希望你对强化的存储库能有更好的理解。第 5 章将探讨如何在 Veeam Backup & Replication v11a 中对相关内容及特性进行调整和优化。

延伸阅读

要进一步了解本章所涉及的主题，请参考以下资源。

❑ Rick Vanover——用双重不可变性来击败勒索软件：https://community.veeam. com/blogs-and-podcasts-57/double-play-immutability-made-easy-to-beat-ransomware-with-veeam-1669

❑ Veeam 关于强化的存储库的文档：https://helpcenter.veeam.com/docs/backup/vsphere/hardened_repository.html?ver=110

❑ Didier Van Hoye——强化的存储库系列文档：https://www.starwindsoftware. com/blog/veeam-hardened-linux-repository-part-1#:~:text=%20 Veeam%20hardened%20Linux%20repository%20in%20v11%20 provides,the%20XFS%20file%20system.%20So%2C%-20grab...%20 More%20

❑ Veeam 强化的存储库合规性测试验证：https://www.veeam.com/blog/hardened-repository-passes-compliance.html

❑ Veeam 关于强化的存储库的最佳实践：https://bp.veeam.com/vbr/ Security/ hardening_backup_repository_linux.html

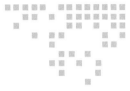

增强的备份功能——作业、拷贝作业、恢复等

Veeam Backup & Replication v11a 在其产品的各个方面都有一些重要的、新的增强功能，在本章中，我们将看到一些更为关键的变化。首先讨论的是对备份作业的增强，以及 Veeam 是如何对其进行全面改进的。然后讨论创建备份拷贝作业的新功能，还将了解恢复操作与 Linux 现在如何能够成为恢复操作的目标系统，以及 Veeam 对其他更广泛的平台的支持。最后来了解快速迁移作业、文件级恢复（File-level Restore，FLR）和备份资源浏览器的功能改进。

在本章结束时，我们将了解 Veeam Backup & Replication 11a 版本的新增功能，以及如何利用这些新的强大特性，最终做到对此版本新功能有全面的、更好的理解，从而有助于改善当前的备份系统环境。

5.1 技术要求

学习本章内容之前，需要先安装 Veeam Backup & Replication。如果你是从头开始阅读本书的，第 1 章涵盖了 Veeam Backup & Replication 的安装和升级方法，可以在本章中加以利用。

5.2 理解备份作业的增强功能和新特性

在安装最新的 Veeam Backup & Replication v11a 时，可以看到备份作业中改进和增加的一些功能。备份作业是要在 Veeam Backup & Replication 控制台和基础架构中进行配置的主要内容之一。它们能有效保护所有类型的服务器，无论是虚拟机还是物理服务器。正如我们将看到的，关于这些类型的作业有些显著的功能改善和增强。

虽然内容不算多，但它们带来了引人注目的改进和优化：

- ❑ 高优先级作业
- ❑ 后台 GFS 保留
- ❑ 孤立的 GFS 备份保留
- ❑ 改进已删虚拟机的保留功能

这些都是新的对备份作业的功能强化，接下来将对它们做进一步的详细阐述。

5.2.1　高优先级作业

你是否曾想过将特定的作业设定为比其他作业具有更高的优先级？这项功能现在已经成为 Veeam Backup & Replication v11a 中新增加的一个选项。将备份作业定义为高优先级，可能意味着有时需要达到特定的 RPO，或者需要先备份那些最重要的业务系统。

在将作业设置为高优先级时，它们会被放置在一个专门的资源调度队列中，该队列被提供给备份基础架构，并优先于常规备份队列。这些高优先级作业还具有启动敏感性，以确保它们在需要时能迅速启动。

在创建作业的第一个界面中，即可选择 Hight priority（高优先级）的作业设置选项，如图 5.1 所示。

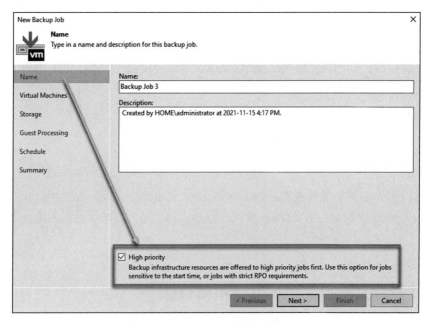

图 5.1　高优先级作业选项

这里需要勾选图 5.1 中的这个复选框，以确保当前新建的作业会被放置于高优先级的调度队列中。现在，让我们来看看后台 GFS 保留策略所做的改进。

5.2.2　后台 GFS 保留

在 Veeam Backup & Replication 11a 版本之前，完整的 GFS 备份是在备份作业执行过程中完成的，而现在，它是作为 Veeam 存储库的后台系统活动，独立于备份作业的执行过程来完成的。

这个特性能确保在主备份作业被长期禁用的情况下，过期的完全备份数据将不会继续消耗占用存储库的磁盘空间。

5.2.3　孤立的 GFS 备份文件保留

根据其最后使用的状况，保留策略将应用于不再有与之相关联的作业的 GFS 备份，即孤立的 GFS 备份文件，这意味着将不再保留那些已不需要的作业，这些作业之前用于保护单台机器。

5.2.4　改进已删除虚拟机的保留功能

在 Veeam 之前的版本中，当某个备份作业执行失败时，已删除虚拟机的保留策略依然会生效，从而导致失败作业对应的虚拟机没有被保留下来（即会将其删除）。现在，在 v11a 中，这种情况不再出现。因为如果备份作业未成功产生已处理的机器列表，则不会应用相关的已删除虚拟机的保留策略，这样可以防止由于临时性的基础架构故障而造成对虚拟机的不当删除。

在了解备份作业的增强功能以及 v11a 中的变化之后，我们来看看备份拷贝作业的最新功能。

5.3　学习备份拷贝作业的新功能

现在的备份拷贝作业可能和普通的备份作业同样重要。备份拷贝作业提供了一种途径，能将备份拷贝到另一个存储空间，或将备份发送到异地，从而有助于实现 3-2-1-1-0 规则。备份拷贝作业从常规备份作业中获取文件，并将它们复制到另一个存储库，比如块存储设备或 Amazon S3 云存储。还可以使用它将异地数据发送到其他与块存储设备、Amazon S3 兼容的云存储，以及 Veeam Cloud Connect 云存储中。

随着 Veeam Backup & Replication v11a 的发布，备份拷贝作业功能进行了以下改进和优化：

- ❏ 基于时间的 GFS 数据保留
- ❏ GFS 完全备份创建时间
- ❏ 取消季度备份

❑ 将存储库作为数据源

❑ 每日保留策略

下面让我们进一步了解这些强化的功能，看看它们各自的具体内容。

5.3.1 基于时间的 GFS 数据保留

在当前的版本中，当为备份拷贝作业设置 GFS 保留策略时，它们是基于时间的，而不再是基于每一批还原点的数量。这样就能确保备份会被保留必要的时间，即使是在手动创建 GFS 保留点的情况下。

图 5.2 展示了一个备份拷贝作业中新的基于时间的 GFS 保留策略设置的例子。

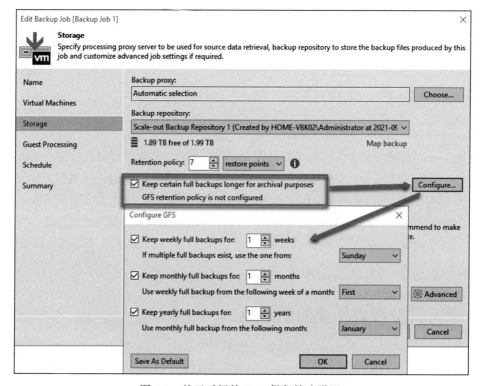

图 5.2 基于时间的 GFS 保留策略设置

这就是基于时间的 GFS 保留策略，接下来让我们看看关于 GFS 的一些其他功能改进。

5.3.2 GFS 完全备份创建时间

在使用 GFS 配置备份拷贝作业时，被创建的完全备份会在任务计划时间触发的那天被封存，而不是在相应的还原点成为增量备份链的最后那天。这种调整有望消除许多客户在这一过程中存在的困惑和疑虑。

如图 5.2 所示，当任务计划设定在周日，且创建的是周备份时，Veeam 会在那一天封存备份数据，所以它是一个完整的完全备份。

5.3.3　取消季度备份

在之前的版本中，有四种不同类型的 GFS 备份——周备份、月备份、季度备份和年备份，这可能有点让人感到混乱和不必要。随着 v11a 的发布，Veeam 决定将季度备份从 GFS 备份频率组合中移除，只允许周备份、月备份和年备份。

图 5.3 是旧版本的 Veeam 中具备季度备份功能的示例。

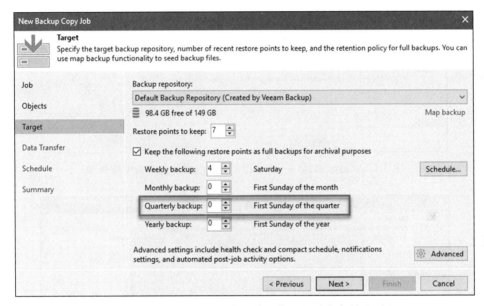

图 5.3　Veeam v10——备份拷贝作业的季度备份选项

图 5.3 展示的是 v10 中的备份拷贝作业的对话框，其中有季度备份选项，图 5.4 是 v11a 中的新的对话框，其中去掉了季度备份选项。

现在我们已经了解了没有季度备份选项的 GFS 保留，接下来学习如何将存储库作为数据源。

5.3.4　将存储库作为数据源

这个功能意味着在新建备份拷贝作业的过程中，在选择即时拷贝模式或定期拷贝模式的时候，可以将存储库作为备份拷贝作业的数据源。这样就使备份拷贝作业可以从存储库中提取源数据文件，而不是通过服务器基础架构来提取数据。

可以在名为 Objects 的界面上进行相关配置，如图 5.5 所示。

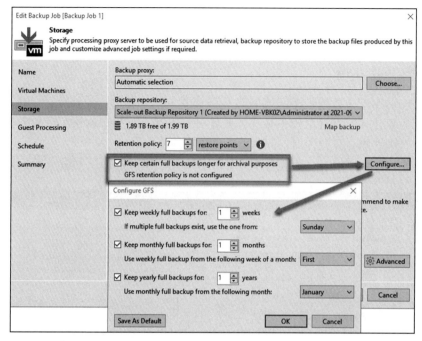

图 5.4 Veeam v11a——备份拷贝作业的季度备份选项被移除

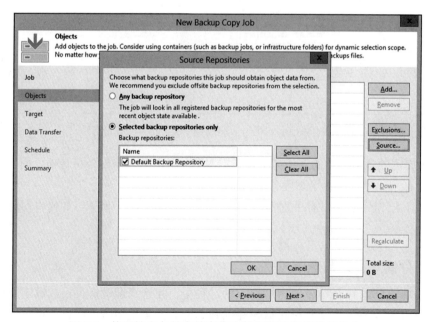

图 5.5 使用缺省备份存储库作为数据源的备份拷贝作业

图 5.5 展示了使用缺省备份存储库作为备份拷贝作业的数据源对象。现在，让我们来学习每日保留策略的最新改进。

5.3.5　每日保留策略

在之前的 Veeam Backup & Replication v10 中创建备份拷贝作业时，只有保留为还原点的选项。在 v11a 中增加了一个新的基于时间的数据保留选项，这里的时间信息来自最近的拷贝作业所创建的备份的天数。

图 5.6 展示了 v10 的备份拷贝对话框，仅有保留的还原点选项，图 5.7 是 v11a 的对话框，展示了还原点以及基于时间的保留选项。

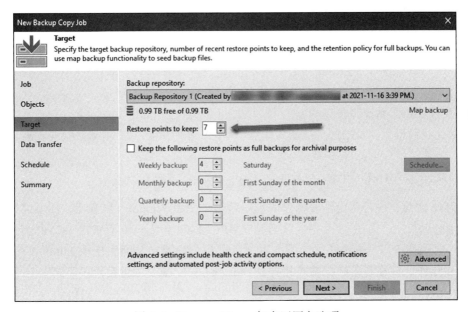

图 5.6　Veeam v10——仅有还原点选项

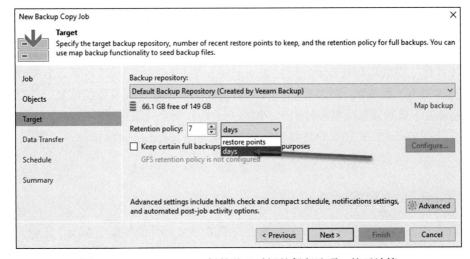

图 5.7　Veeam v11a——新的基于时间的保留选项，按天计算

在了解了备份拷贝作业的许多增强功能之后，让我们再看看如何使用 Linux 服务器作为备份目的地，以及新增的对其他一些系统和平台的支持。

5.4 掌握 Linux 目标恢复操作及更广泛的平台支持

在 Veeam 的之前版本中，进行备份数据恢复时只能使用 Windows 服务器，而不能使用 Linux 服务器。现在 v11a 已经不一样了。我们将研究针对 Linux 系统的功能改进，以及其他一些可用于恢复的更广泛的平台。包括以下内容：

❑ 支持 Linux 作为备份目标
❑ 无须辅助虚拟机的 Linux FLR
❑ Linux FLR 性能改进
❑ 更广泛的平台支持

现在让我们看看涉及的这些功能哪些是新增的，哪些是在原有基础上做了改进。

5.4.1 支持 Linux 作为备份目标

在 v11a 之前，进行备份恢复操作的唯一途径是使用 Windows 服务器，而不能用 Linux 挂载任何备份数据。而在 v11a 中，数据集成 API（Data Integration API，DIAPI）已经进行了改进，它现在可以直接在 Linux 服务器上挂载备份内容，从而实现在 Linux 备份数据中进行 FLR 操作。现在备份数据将直接挂载到 Linux 服务器上，而无须在存储库上配置专用的挂载服务器。

5.4.2 不需要辅助虚拟机的 Linux FLR

在 v11a 之前，从 Linux 系统中恢复文件时需要一个部署在 vSphere 或 Hyper-V 上的辅助虚拟机。现在，随着 FLR 的功能改进，已经不再有此要求了。在进行 Linux FLR 恢复时，FLR 数据文件夹可以挂载到任意的 Linux 服务器上——专用的服务器、数据恢复的目标服务器或原始的服务器，FLR 都能确保对备份的文件系统进行有效的恢复。这项新的增强功能还规避了部署辅助虚拟机时涉及的网络复杂性和安全问题。

改进后的 Linux FLR 使客户可以直接在基于云的 VMware 基础架构产品中执行 FLR 恢复操作。

5.4.3 Linux FLR 性能改进

在 v11a 中，Veeam 将基于 Linux 系统上的 FLR 恢复的性能提高了 50%，无论是在有还是没有辅助虚拟机的情况下进行恢复操作。正如前文所述，现在也不再需要辅助虚拟机了。

5.4.4　更广泛的平台支持

每次版本更新时，Veeam 都会添加可与 Veeam Backup & Replication v11a 配合运行的新平台。下面列出了众多新的、支持 v11a 的平台，并对每个平台进行了说明。

❏ Microsoft Windows Server 2022 和 Windows 10 21H1：现在 Veeam 支持将其作为客户机操作系统、Hyper-V 主机，用于安装 Veeam Backup & Replication 组件，以及使用 Veeam Agent for Microsoft Windows 5.0.1（包含在 v11a 中）进行基于客户端代理的备份。

❏ Microsoft Windows 11：与上述操作系统相同，包括用于备份的 Veeam Agent。

❏ Microsoft Azure Stack HCI 21H2 版：支持基于主机的 Hyper-V 虚拟机备份。

❏ RHEL/CentOS 8.4、Ubuntu 21.04、Debian 11、SLES 15 SP3d、OpenSUSE Leap 15.3 和 Fedora 34：现在支持这些 Linux 发行版作为客户机操作系统，安装 Veeam 组件，以及使用 Veeam Agent for Linux 5.0.1（包含在 v11a 中）进行基于客户端代理的备份。

❏ VMware Cloud Directory 10.3：支持在有多个 VMware Cloud Director 服务器的环境中部署自助服务门户。

❏ VMware VMC 15：兼容基于 NSX-T 3.0 网络的虚拟机恢复操作，该网络采用的是虚拟分布式交换机（Virtual Distributed Switch，VDS）7.0，而非 NSX 虚拟分布式交换机（NSX Virtual Distributed Switch，N-VDS）。

❏ VMware vSphere 7.0 U3：兼容最新版本的 vSphere 7.0 U3 及其所有组件。请注意，在本书英文版出版时，自 vSphere 7.0 U3（U3a、U3b 等版本）以来，已经有一些更新的版本和变化。其中某个版本甚至已经被撤回（因为该版本有高威胁安全漏洞）。要想了解最新的 Veeam 对特定 vSphere 版本及平台的支持情况，建议订阅 Veeam R&D Forums，订阅者会得到一份每周通讯，其中有关于这类情况的最新信息。可以在这里订阅：`https://forums.veeam.com/`。

⚠ **警告**　如果使用带有 ReFS 文件系统的 Windows Server 2019 作为备份存储库，那么强烈建议不要将其升级到 Windows Server 2022，或将 2019 的卷挂载到 Windows Server 2022，因为这将触发相关代码而导致蓝屏死机（Blue Screen of Death，BSOD）循环。要了解更多信息或修复此问题，请参考安装以下微软 KB 更新补丁：`https://support.microsoft.com/en-us/topic/september-27-2021-kb5005619-os-build-20348-261-preview-d5416d34-e4b7-4680-8747-7e995515c791`。如果确实要用到基于 ReFS 文件系统的存储库，那么建议重新安装 Windows Server 2022。

除了对上述平台的支持，Veeam Backup & Replication v11a 还增加了一些云原生的特性，从而为 AWS、Microsoft Azure、谷歌云平台（Google Cloud Platform，GCP）、Nutanix AHV

和红帽虚拟化（Red Hat Virtualization，RHV）支持做好了准备。

- ❑ 对附加服务的原生防护：增加了对亚马逊弹性文件系统（Amazon Elastic File System，Amazon EFS）和 Microsoft Azure SQL 数据库的本地备份和恢复功能的原生支持。

- ❑ 最低成本的归档存储：支持新的 Amazon S3 Glacier 和 Glacier Deep Archive、Microsoft Azure Archive Storage 和 Google Cloud Archive 存储，因而可以将成本降低为原来的 1/50。

- ❑ 增强安全性和控制：通过 AWS 密钥管理服务（Key Management Service，KMS）和 Azure 密钥库的整合，以及采用基于角色的访问控制（Role-Based Access Control，RBAC）机制和授权，能够保护加密数据以对抗勒索软件和网络安全威胁。

- ❑ 完全集成的 GCP 支持：当前 Veeam Backup & Replication v11a 的控制台直接内置了对 GCP 的支持。此外，客户现在可以将任何 Veeam 产品创建的镜像级备份数据直接恢复到谷歌云环境（Google Cloud Environment，GCE）的虚拟机中，以实现云灾难恢复。

- ❑ 即时恢复至 Nutanix AHV：随着 v11a 中所包含的新的 Veeam Backup for Nutanix AHV v3 组件的推出，Veeam 已将其即时恢复能力延伸到其他虚拟化平台。现在可以从任何 Veeam 产品向 Nutanix AHV 虚拟机进行镜像级恢复，以便在各类业务负载（云环境、虚拟机或物理机）下进行即时灾难恢复。该功能的实现需要 Nutanix AHV 6.0 或更高版本支持。

- ❑ RHV 支持准备：这是准备支持的第四类虚拟化平台，目前处于公开测试 beta 版阶段，Veeam Backup & Replication v11a 为 RHV 4.4.8 或更高版本提供了可靠的集成备份。这使客户能够利用 RHV 平台原生的变化块跟踪特性来创建可靠的 RHV 虚拟机备份，以防范灾难的出现。

这些是有关平台支持的功能改进，还有一个值得一提的是与 Kubernetes 备份相关的功能：Veeam 的 Kasten K10。即将发布的 Kasten K10 4.5 版将允许客户与 Veeam Backup & Replication v11a 控制台集成，使 Veeam 的 Kasten K10 能够直接将 Kubernetes 集群备份写入 Veeam 存储库。

我们已经介绍了新的 v11a 对 Linux 目标存储的支持，并讨论了部分对新平台支持的相关内容。现在，让我们进入本章最后一个主题，关于快速迁移作业和新的备份资源浏览器的功能改进。

5.5 探究备份资源浏览器及其他功能改进

除了前面几节已经介绍的变化和功能改进之外，v11a 中还有一些值得注意的变化。

- ❑ 健康检查操作性能改善：存储器级的损坏防护现在会基于先进的数据提取技术来实现，这样将会大幅提高企业级存储硬件的性能。

❑ 直接从容量层恢复：当用户从存储在容量层的备份数据中进行恢复操作时，Veeam 现在将不会读取位于性能层的匹配数据块，而只使用来自容量层的数据块。这是一个在不影响用户业务系统使用的前提下进行数据恢复测试的好方法。

❑ 对象存储的兼容性：为了更好地利用扩展能力有限的对象存储设备，可以进行设置让作业采用 8MB 的块大小，以减少创建对象的数量。要完成此设置，需在位于 HKLM\SOFTWARE\Veeam\Veeam Backup and Replication 的注册表项下创建一个名为 UIShowLegacyBlockSize(DWORD, 1) 的注册表键值。请注意，这样会加大增量备份的大小，并需要一个活动的完全备份来让此设置生效。对于使用企业内部对象存储系统的组织来说，这个效果已经非常令人期待了。因为通常关注的出口带宽和延迟问题，对企业内部环境和超大规模云环境来说，情况是完全不一样的。

❑ VMware vSAN 功能改进：在 Veeam v11a 中，CDP 策略现在可以支持 vSAN。Veeam 任务计划程序现在使用默认值为 32 的阈值，来决定每个 vSAN 数据存储最大可打开的虚拟机快照数量。此设置可以通过修改注册表项 HKLM\SOFTWARE\Veeam\Veeam Backup and Replication 下的 VSANMaxSnapshotsNum(DWORD) 注册表值进行调整。

除此以外，还有两项对 Veeam 备份数据浏览器的功能改进。

❑ Veeam 活动目录数据浏览器：现在可以在系统容器内恢复分布式文件系统（Distributed File System，DFS）的配置。

❑ Veeam Microsoft Teams 数据浏览器：现在可以直接从 Veeam Backup for Microsoft Office 365 基于镜像的备份数据中恢复 Microsoft Teams 的数据。

本节完成了对 Veeam Backup & Replication v11a 系统中与存储和 Veeam 备份数据浏览器有关的功能改进的研究。本章内容就到这里，接下来让我们来回顾一下所有涉及的主题。

小结

本章讨论了 Veeam v11a 中增加的许多新的强化备份的功能。我们首先研究了许多新的备份作业功能和改进，包括新增的高优先级选项。然后研究了备份拷贝作业和一些可以进行设置的有趣的新功能，如新增的基于时间的数据保留选项。

之后，我们讨论了 Veeam 对最新版的 Linux 和更广泛的平台的支持，包括不再需要辅助虚拟机的 Linux FLR 恢复。最后，我们讨论了许多其他的功能改进，包括对 Veeam Explorer 的功能补充，例如新的支持 Microsoft Teams 的备份数据浏览器。读完本章后，你应该对备份作业、备份拷贝作业、Linux 系统数据恢复和 Veeam 备份数据浏览器等众多新功能有了更深入的理解。

希望你现在能更好地掌握这些功能改进，从而知道如何将其更有效地运用到现有的环境中。第 6 章将探讨对象存储和最新支持的供应商，在创建作业时你可以对其进行选择。

延伸阅读

请参考以下资源以了解更多信息：

❑ v11 的新的 GFS 保留策略：`https://www.veeam.com/blog/v11-gfs-reten-tion.html`

❑ Veeam Backup & Replication v11a 的发布信息：`https://www.veeam.com/kb4215`

❑ v11 的新功能：`https://www.veeam.com/whats-new-backup-replication.html`

❑ Kasten K10 Backup by Veeam（Veeam 的 Kasten K10 备份产品）：`https://www.kasten.io/product/`

广泛的对象存储支持——
容量层和归档层

对象存储是用于备份存储和存储库的众多选择之一，包括一些新增加的用于归档数据的场景。本章将带你了解 Veeam Backup & Replication v11a 中新支持的那些对象存储供应商。我们将讨论如何在环境中创建容量存储和归档存储，学习如何使用新配置的容量层和归档层来配置 SOBR；还会研究 Amazon S3 Glacier 的不可变性是如何运行的，包括基于策略的分流；最后还会研究使用新的归档层进行基于成本优化的归档和存储。

在本章结尾，我们将了解现在可以使用哪些对象存储供应商，以将其产品用于容量层和归档层。我们还会知道如何才能让这些产品与具体系统环境和用例相适应，最后还能对部署和配置过程有更深的理解和体会。

6.1　技术要求

如果你是从头阅读本书的，就会知道第 1 章内容涵盖了 Veeam Backup & Replication 的安装和优化，你可以在本章学习过程中参考。要学习本章内容，只需安装好 Veeam Backup & Replication。如果在系统环境中可以使用较新的供应商的对象存储产品，则将更为方便，但这并非必要条件。

6.2　理解新的对象存储容量层和归档层

对象存储是一种计算机数据存储架构，它将信息数据当作对象进行管理和存储，而不像文件系统那样。文件系统使用文件层次结构和块存储的机制，将数据存储为扇区和轨道内的块。当数据被保存在对象存储中时，它包括数据本身、一定数量的元数据和 GUID（Globally Unique Identifier，全局唯一标识符）。可以在对象存储中创建一个命名空间，能跨越多个物理硬件实例（如一个集群）。

下面你可以将对象存储与其他形式的存储进行比较，看看有什么不同。

- ❏ 对象存储：将数据片段指定为一个对象，并将其与相关元数据和 GUID 一起存储。
- ❏ 文件存储：将数据存储在一个层次结构的文件夹中，以利于对其进行组织。这种方法也被称为分层存储，类似于纸质文件的存储方式，文件存储通过文件夹路径来访问数据。
- ❏ 块存储：数据被拆成单一的数据块，然后作为独立的块存储在存储器内。每个数据片段或数据块都有不同的地址，因此不需要文件结构。

很多人也会把对象存储称为存储桶，基于它创建一个命名的桶（命名空间），然后当数据被发送到对象存储时，它就被存储在桶中。一个很好的例子就是 Amazon S3，如图 6.1 所示。

Amazon
S3

桶

对象的桶

图 6.1　Amazon S3 的桶式对象存储

在 Veeam Backup & Replication 环境中，对象存储用于备份基础架构的存储库，包括将存储库附加到 SOBR，目前在容量层和新的归档层中均可使用。

如图 6.2 所示，在所有的数据进入性能层之后，再转移到容量层或归档层，这就是可以使用对象存储的地方。

在图 6.2 中，可以看到不同类型的存储。

- ❏ Amazon S3：包括亚马逊的标准存储、Glacier 存储（对象存储）。
- ❏ Microsoft Azure Blob：微软的对象存储。
- ❏ IBM Cloud：IBM 云对象存储。
- ❏ S3 兼容的存储：包括基于云的，以及非云的本地供应商提供的存储，例如 Cloudian、Wasabi 和 Backblaze。
- ❏ 谷歌云存储（Google Cloud Storage，GCS）：针对容量层最新增加的特性，允许将对象存储发送到谷歌云。
- ❏ Amazon S3 Glacier Deep Archive：新上市的归档层产品之一，用于长期归档存储。
- ❏ Microsoft Azure Blob Storage：另一个新的归档层产品，用于长期归档的冷存储。

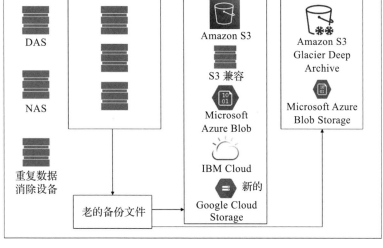

图 6.2　使用对象存储的容量层和归档层

　　上面列出的所有供应商产品都是基于云的，数据被托管到云端，但如果使用与 S3 兼容的对象存储，也可以在企业内部部署实施。

　　Veeam Backup & Replication v11a 针对对象存储相关功能进行了一些重大改进，具体如下：

❑ 容量层

　○ 谷歌云存储：使用专有的 GS（Google Storage，谷歌存储）对象存储 API，Veeam 可以将容量层的数据发送到谷歌云。但到目前为止，由于缺乏对象锁定功能，GCS 尚不支持不可变的备份。

❑ 归档层

　○ Amazon S3 Glacier Deep Archive 和 Microsoft Azure Blob Storage 归档层：这两种解决方案现在都可以在 Veeam Backup & Replication v11a 中使用新的归档层功能。这两种产品被用作冷存储，在这种情况下，需要一个长期的归档解决方案，以实现只写不读的用例。可以使用 GFS 备份将数据发送到 SOBR 的归档层，确保成本效益和无缝的备份数据全生命周期管理。

❑ 不可变备份：为了满足合规性要求，Amazon S3 Glacier 允许在备份保留策略的整个期限内让备份数据不可变。

❑ 策略分流：就像容量层一样，没有分流作业需要管理。只需设置足够宽的归档时间窗口，以确保只有那些无须再访问的还原点数据被归档。SOBR 的运行机制也很聪明，它将处理各存储层次之间所有的数据转移操作。

❑ 成本优化归档：通过在归档实例的过程中使用部署在云环境中的辅助虚拟机，Veeam 将分流的数据块重新打包成大的对象（不超过 512MB），有助于降低冷对象存储的高 API 开销。针对那些低于所用存储类要求的数据存储期限下限的归档保留点，Veeam 会自动跳过，以避免先前的删除惩罚。

❏ 灵活存储方法：为了在默认情况下降低成本，归档层分流使用持续向前增量备份的方法，只需上传基于上一个还原点的变化数据。与此同时还提供了一个选项，将每个 GFS 完整备份作为独立的存储以提供更多扩充的保留策略。这样就避免出现跨越数十年的单一增量备份链，并通过利用 Amazon S3 Glacier Deep Archive 的存储类来保持整体成本处于合理区间。

❏ 自足式归档：归档的备份是自给自足的。它们不依赖于任何外部元数据，即使在生产环境数据丢失的情况下它们也能被正常导入。这种特性也可以防止供应商锁定（Vendor Lock-in，指无论产品或服务的质量如何，都"被迫"继续使用某些供应商的产品或服务，因为从其产品或服务中退出是不切实际的）的情况出现，因为可以随时从对象存储中导入归档的备份数据，甚至不需要许可证。也就是说，Veeam 不会挟持你的数据！

❏ 无额外费用：与希望看到你的数据被保留于其设备的二级存储设备供应商不同，Veeam 在将数据归档到对象存储时不会按容量收取费用，即不存在云端税。

> **重要提示** SOBR 归档层功能授权包含于 VUL（Veeam Universal License，Veeam 通用许可证）中。当使用传统的基于 Socket（CPU 插槽）的许可证时，需要有企业加强版许可证方可使用。

现在，我们已经看到了 Veeam Backup & Replication 新的对象存储层和供应商支持的相关情况，下面深入到应用程序中，去看看它是如何配置和使用的。

6.3　学习对象存储容量层和归档层配置

要在 Veeam Backup & Replication 中使用对象存储，需将其作为标准存储库添加，然后在 SOBR 的容量层和归档层中使用它，或作为 NAS 备份的归档目标存储库。Veeam Backup & Replication 目前不能直接将数据写入对象存储，但是 Veeam 将持续增强对象存储的功能。

Veeam Backup & Replication 在使用对象存储时，其目的是用于长期的数据存储，并基于云解决方案或可在企业内部部署的 Amazon S3 兼容的存储解决方案。当作为 SOBR 的容量层或归档层使用时，它有一些很有用的功能：

❏ 存储空间：如果当前所用的 SOBR 区段空间即将耗尽，在容量层或归档层添加对象存储，则可实现数据分层，以释放性能层的空间。

❏ 备份策略：如果所在组织有相关策略或 SLA，要求特定数量的数据存储在性能层区段内，并将过期或旧的数据归档到容量层或归档层，那么这正是备份策略发挥作用的地方。

❏ 3-2-1-1-0 规则：将容量层与云或其他场所的对象存储在一起使用，可以满足 3-2-1-1-0 规则，且能够更容易地进行灾难恢复操作。

存储的容量层和归档层会像其他存储库一样被添加到 Veeam Backup & Replication 控制台的 Backup Infrastructure（备份基础架构）选项卡和 Backup Repositories（备份存储库）中。一旦将其加入后，就可以尝试将它们添加到 SOBR 中使用。以下添加归档层的操作，与谷歌云存储的容量层的操作方法相同，如图 6.3 所示。

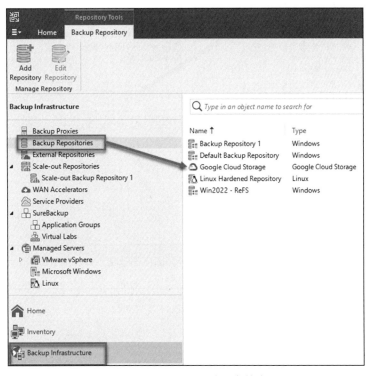

图 6.3　已添加的谷歌云存储库

正如在图 6.3 中所看到的，添加谷歌云存储相对比较简单，但在使用 Amazon S3 Glacier 添加归档层时，还可以设置一些其他的选项。请按以下说明来添加归档层：

1. 导航到 Backup Infrastructure 选项卡。在 Backup Repositories 部分，单击 Add Repository 按钮，或在右侧右击，选择 Add backup repository 菜单以启动添加备份存储库向导，如图 6.4 所示。

2. 单击 Add Repository 的选项后，界面中会出现一个选择列表，单击 Object storage 选项，如图 6.5 所示。

3. 选择 Object storage 选项之后，会进一步提示选择哪种类型的对象存储。在我们的例子中选择的是 Amazon S3，也可以选择 Microsoft Azure Storage 作为归档层，如图 6.6 所示。

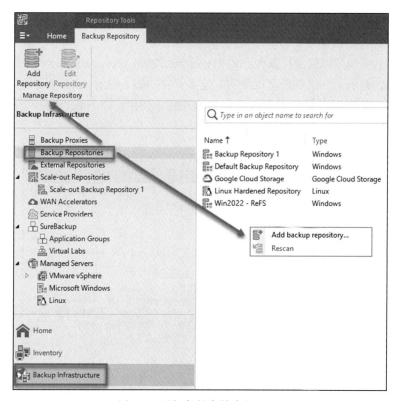

图 6.4　添加备份存储库的选项

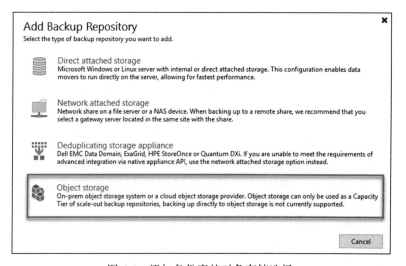

图 6.5　添加备份库的对象存储选择

4. 选择 Amazon S3 后，还需选择具体哪款 S3 存储，在本例中选的是 Amazon S3 Glacier，如图 6.7 所示。

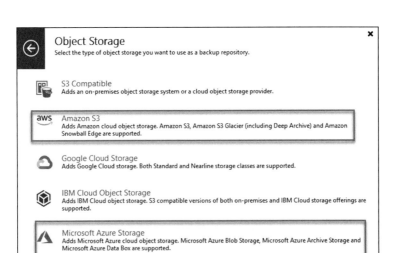

图 6.6　选择 Amazon S3 或 Microsoft Azure Storage 的对象存储

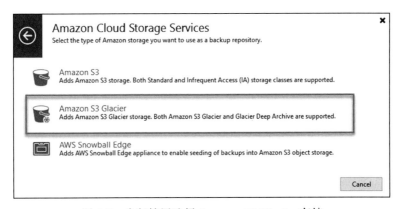

图 6.7　为归档层选择 Amazon S3 Glacier 存储

5. 完成上述选择后，**New Object Storage Repository** 向导将被启动，此时需要输入新建的存储库的 **Name** 和 **Description** 信息，如图 6.8 所示。

6. 单击 **Next** 按钮进入 **Account** 选项卡标签，在这里需单击 **Add** 按钮，输入你的 Amazon S3 账户的登录信息——**Access key** 和 **Secret key**，如图 6.9 所示。

7. 在输入 Amazon S3 登录凭据后，单击 **OK** 按钮，返回到 **Account** 界面。在 **AWS region** 栏选择 **Global**，然后单击 **Next** 按钮，来到 **Bucket** 选项卡，如图 6.10 所示。

8. 在 **Bucket** 选项卡上，可以选择你的 **Data center** 所在的区域、在 Amazon S3 中创建的桶，并选择或创建一个文件夹。这里要确保界面中的选项 **Use the Deep Archive storage class**（使用深度归档存储类）被选中并勾选复选标记。完成这些之后，单击 **Next** 按钮，界面将来到 **Proxy Appliance** 选项卡，如图 6.11 所示。

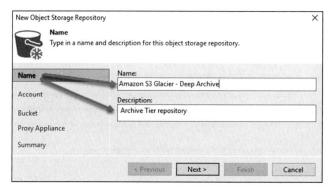

图 6.8 新建对象存储库向导——名称和描述

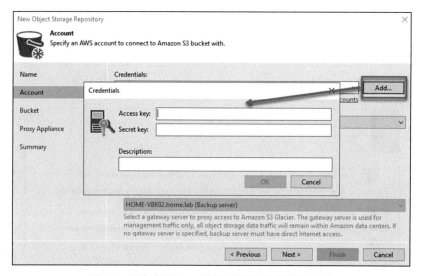

图 6.9 添加凭据——访问密钥和秘密密钥字段

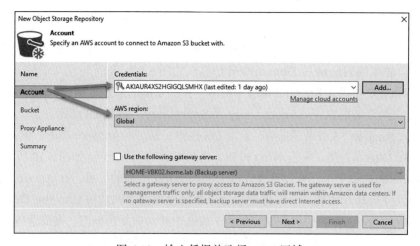

图 6.10 输入凭据并选择 AWS 区域

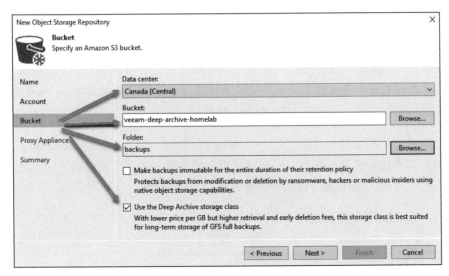

图 6.11　归档层选项设置

 重要提示 也可以选择启用不可变性，但需要确保 Amazon S3 Glacier 桶是基于对象锁定特性创建的。

9. 向导的下一步是 Proxy Appliance 配置界面，Veeam 将在这里部署一个虚拟机，通过它将数据转移到归档层。这里还可以使用 Customize 按钮来自行调整网络设置，如图 6.12 所示。

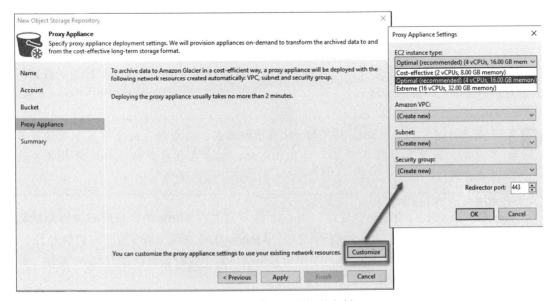

图 6.12　代理虚拟机及定制

> **重要提示** 单击 Apply 按钮进行存储归档层部署之后，向导将在 Amazon 云内部部署一个具有虚拟专用连接（Virtual Private Connection，VPC）的弹性计算云虚拟机（Amazon Elastic Compute Cloud，EC2）实例。请记住，除了存储成本之外，这些云资源相关的设置可能还会涉及成本支出。建议在所有下拉列表中保持 Create new 选项不变，这样就会由 Veeam 来创建 VPC 和相关配置。

10. 在配置完代理虚拟机设置之后，单击 Apply 按钮，接下来就是 Summary 选项卡界面，对前述设置进行核对，在向导过程中选择的那些设置都将被显示出来。核对无误后，单击 Finish 来结束向导过程，如图 6.13 所示。

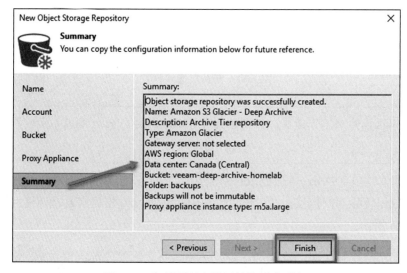

图 6.13　归档层所有设置的摘要选项卡

添加归档层的向导就是以上这些步骤，现在即可在控制台的备份存储库标签下看到新建的对象存储库，如图 6.14 所示。

> **重要提示** 要在 SOBR 中将 Amazon S3 Glacier 用于归档层，需要在存储库列表中先设置好容量层，并且容量层已经添加到 SOBR 中，或者在创建新的 SOBR 时对其进行选择。

现在来示范一下对象存储的使用，图 6.15 是一张现有 SOBR 的容量层配置界面的截图。当 Amazon S3 被选为 Capacity Tier 之后，Archive Tier 选项卡就变成了可用状态。

如图 6.15 所示，选择将 Amazon S3 作为容量层以后，这时就可以单击 Next 按钮，页面将显示带有归档层的选项卡，如图 6.16 所示。

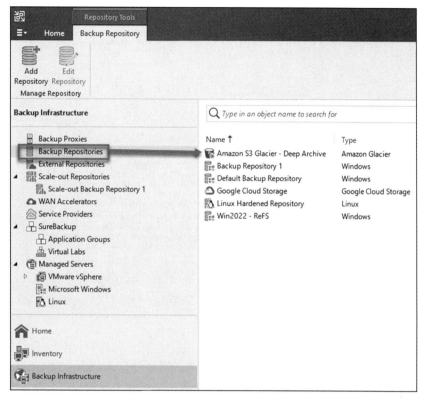

图 6.14　Amazon S3 Glacier 存储库

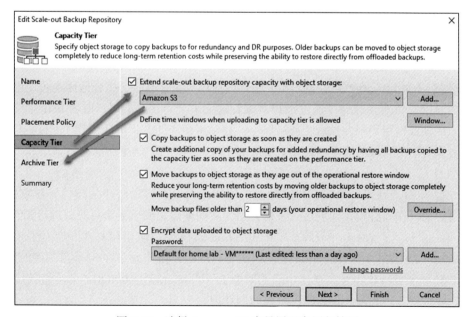

图 6.15　选择 Amazon S3 容量层以启用归档层

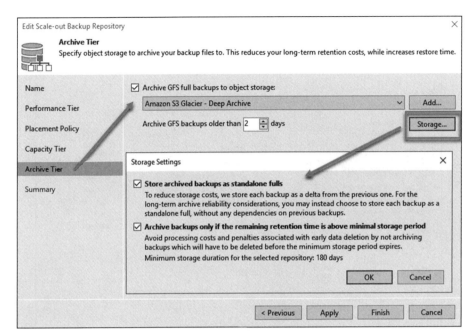

图 6.16　归档层的配置界面

正如所看到的，为容量层设置谷歌云存储或为归档层设置 Amazon S3 Glacier 存储都是非常简单的。现在，让我们看看如何利用归档层的不可变性，就像使用强化的存储库或容量层一样。

6.4　掌握 Amazon S3 Glacier 的不可变性及策略分流

决定在 Veeam Backup & Replication 中部署使用对象存储时，结合运用不可变性是一个非常好的选择。在对象存储中通过选择对象锁选项来开启该功能时，它将禁止对象在整个存储生命周期或保留期限内被改变或被删除。存储生命周期是指成功创建（上传）对象和成功删除对象之间的这段时间。当使用 Amazon S3 Glacier 时，这个功能与容量层和归档层都有关。

图 6.17 显示了启用对象锁和版本控制的操作，无论在容量层还是归档层对象存储中，启用该设置的操作都必须在桶创建时进行，因为在桶创建完成后无法再对其进行调整。

如图 6.17 所示，Veeam Backup & Replication v11a 使用该功能要求开启对象锁和版本控制。Veeam Backup & Replication 所使用的是 Amazon 和其他兼容 S3 的供应商已经拥有了的对象锁技术。一旦在对象存储中启用对象锁，它就会阻止从 SOBR 的容量区段或归档区段中删除数据，直到超出设定的不可变时间期限。

图 6.17　启用不可变性及对象锁功能

关于 Veeam Backup & Replication 存储库的不可变特性，有如下这些限制需要了解：

❑ 在 Amazon S3 桶上启用对象锁时，请务必选择配置模式的 None 选项，否则将无法在 Veeam Backup & Replication 注册该桶。此外，请注意，Veeam Backup & Replication 对其上传的每个对象都使用遵从对象锁模式。

❑ 不可变性属于备份的容量层和归档层特性，且不支持 NAS 备份。

❑ 不可变的数据基于区块生成保存，默认情况下，Veeam 会在设定的过期日期上增加最多 10 天的额外时间。例如，如果将不可变时间段配置为 30 天，那么会额外增加 10 天，使总的不可变期达到 40 天。

关于区块生成的更多信息参见以下官方网站文档：`https://helpcenter.veeam.com/docs/backup/vsphere/block_gen.html?ver=110`。

除了不可变性之外，另一个功能是 Veeam Backup & Replication v11a 中策略分流操作。与容量层类似，无须在应用程序内管理分流作业，只需要将归档窗口设置得足够大，以确保那些不会再去访问的还原点会被归档。SOBR 内置的技术将负责所有层级的数据转移操作，以确保根据设定的策略将备份数据发送到正确的层级中去。日程需要检查 SOBR 的状态报告邮件，以确保所有操作结果均显示为成功的绿色状态。

现在我们已经了解了归档层对象存储和基于策略的分流操作过程中可以采用的不可变特性，接下来将学习下一节，关于归档层是如何做到节省归档和存储成本的。

6.5　探究通过归档层实现归档和存储的成本优化

使用归档层的好处之一，是可以基于成本优化的存储来实现归档功能。由于冷存储的 API 成本很高，因此当 Veeam 在分流数据块时，将使用在归档操作会话期间自动在公共云中配置的辅助虚拟机，将数据块重新打包成大小不超过 512MB 的大对象。较大的对象尺寸节省了所需使用的存储数量，而且最终能为客户节省资金投入。另外，为了避免出现删除惩罚，Veeam 将自动跳过还原点的归档，备份数据保持在归档层中所用存储类要求的最低数据存储期限之下。

关于成本节约，现在还有一种灵活的方式来存储备份数据，Veeam 能利用它来降低成本。默认情况下，归档层的分流使用持续增量备份，只上传前一个还原点之后的变化数据。然而，Veeam 提供了一种方法，将每个 GFS 还原点存储为一个完整的独立备份，以延长保留期。这样就避免了跨越长时期的单一增量备份链，并保持整体成本的合理性。

正如前文所述，使用归档层在存储备份数据方面确实有着成本优势。

小结

本章介绍了对象存储和存储系统供应商支持的最新容量层。我们了解了 Veeam Backup & Replication v11a 中现在可用的新的归档层，学习了在 Veeam Backup & Replication 控制台中创建和配置新的容量层和归档层的方法，包括将它们添加到 SOBR 中进行归档。然后，我们了解了 Amazon S3 Glacier 中的不可变性和新的基于策略的分流机制。最后，我们研究了如何利用归档层来实现基于成本优化的归档和存储。读完本章后你应该对新的基于对象存储的容量层和归档层有了更深入的了解，还应掌握在 Veeam Backup & Replication 中对它们进行配置的步骤。最后，你应该学会了利用 Amazon S3 Glacier 的不可变性的方法、基于策略的分流引擎的工作原理，以及实现归档层优化以节省成本的途径。

希望你现在对新的对象存储相关层次有了更好的理解。第 7 章我们将学习 Veeam 在 v11a 中所做的工作，以通过持久代理增强 Linux 的使用，并通过一次性凭据提高安全性。

延伸阅读

- ❏ 容量层——对象存储：https://helpcenter.veeam.com/docs/backup/vsphere/capacity_tier.html?ver=110
- ❏ 归档层——对象存储：https://helpcenter.veeam.com/docs/backup/vsphere/archive_tier.html?ver=110
- ❏ Amazon S3 Glacier 的归档层——代理设备的 EC2 实例类型：https://aws.amazon.com/ec2/instance-types/
- ❏ 添加 Amazon S3 Glacier 存储：https://helpcenter.veeam.com/docs/backup/vsphere/osr_amazon_glacier_adding.html?ver=110
- ❏ 添加谷歌云对象存储：https://helpcenter.veeam.com/docs/backup/vsphere/adding_google_cloud_object_storage.html?ver=110

Linux Proxy 改进、即时恢复、Veeam ONE 和 Orchestrator

这部分内容讲授 Veeam Backup & Replication v11a 中新的 Linux Proxy（Linux 代理服务器）的增强功能，深入研究即时虚拟机恢复及对其所做的改进。我们将学习 Veeam ONE 的新增功能，并研究 Veeam 灾难恢复编排器（Veeam Disaster Recovery Orchestrator，VDRO），以更好地了解新的、功能更强的备份代理服务器以及何时使用它们。

Linux Proxy 功能改进

Veeam Backup & Replication 的核心是主力服务器——Proxy。本章将探讨代理服务器及它在 v11a 中的新特性，包括 Linux Proxy 的功能改进。我们将讨论这些新的功能改进是如何有助于改善系统环境的安全性及相关内容，还将学习永久性数据传输器，其安全性也得到增强。最后我们将深入探讨凭据将成为历史的原因——数字证书才是未来的趋势。

学完本章内容，你将了解 v11a 中代理服务器相关的哪些功能改进是新的，还可掌握如何将它们用于当前系统环境和具体用例，从而对特定场景的作业创建、配置的最佳实践有更好的理解。

7.1 技术要求

如果你是从头开始阅读本书，则可知第 1 章内容涵盖了 Veeam Backup & Replication 的安装和优化，可以在本章学习过程中参考。如果你在系统环境中能接触到 Ubuntu Linux 20.04 服务器，则非常有助于加强对本章中涉及的许多概念的理解。

7.2 理解 Linux Proxy 的功能改进和 v11a 中的更新

在 Veeam Backup & Replication 系统中，备份服务器是用于完成备份任务管理相关工作的服务器，而备份代理服务器位于备份服务器和其他备份基础架构组件之间。备份代理服务器负责处理作业，并将备份流量传送到基础架构的其他部分，可以说备份代理服务器是所有组件当中的主力。

如图 7.1 所示，备份代理服务器在将数据发送到备份存储库之前完成了很多工作。

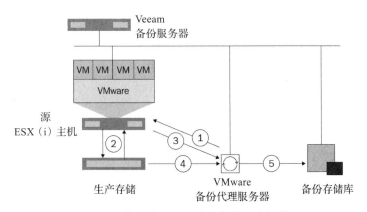

图 7.1 带有代理服务器的备份基础架构

在备份作业中，代理服务器将执行许多任务，具体包括以下内容：

❑ 从生产环境的存储中获取 VM 的数据。

❑ 压缩数据——在将数据传输到存储库的过程中对数据进行压缩。

❑ 去除重复数据——在将数据发送到存储库之前去除重复数据。

❑ 数据加密——对传输到存储库的数据进行加密。

❑ 将数据发送到备份存储库（备份作业）或另一个备份代理服务器（复制作业）。

❑ 执行数据恢复操作。

在一个典型的小型部署方案中，备份代理服务器可部署在备份服务器上，这种方式适用于低流量负载的应用场景。而对较大的企业环境来说，以分布式的架构部署独立的备份代理服务器才更为合理。

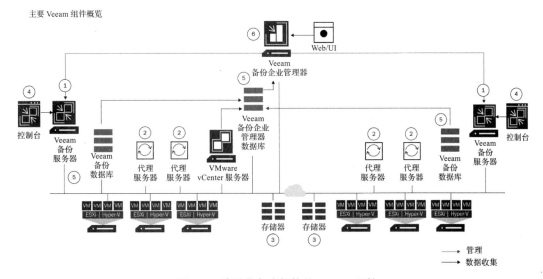

图 7.2 采用分布式架构的 Veeam 组件

图 7.2 展示了一个企业环境的信息系统基础架构，其中备份代理服务器被单独部署在网络上。请注意，备份代理服务器组件并不是一定需要一个专用的操作系统来部署，但对较大规模的系统环境来说，这种方式是一种自然而然的选择。

新的 Veeam Backup & Replication v11a 做了一些显著的功能改进，使得 Linux Proxy 能够与 Windows Proxy 的功能相媲美。其中的部分调整如下：

❑ Linux Backup Proxy 既可以是物理机，也可以是虚拟机。

❑ 支持更多的传输模式——包括网络块设备（Network Block Device，NBD）、直连 SAN（Direct SAN）和热添加（Hot-Add）。Veeam 在现在的 Hot-Add 传输模式中使用了增强版的数据提取器技术，以前这种技术只能用于 Windows 系统中。

❑ 从存储快照（iSCSI、FC）中进行备份。

❑ 支持快速回滚 /CBT 恢复。

❑ 当首次添加 Linux 服务器时，会部署永久性数据传输器，并且在备份过程中无须重新部署。

❑ 增强了数据传输过程中的安全性。

❑ 用基于证书的认证替代之前保存 Linux 登录凭据的方式。

❑ 新的椭圆曲线（Elliptic Curve，EC）加密技术——增加了基于 EC 加密的 SSH 密钥对，如 Ed25519 或 ECDSA 算法。

当前的版本在功能改进的同时，还存在一些限制，具体如下：

❑ Linux 系统不能作为客户机交互代理使用。

❑ Linux 系统不能与 AWS 上的 VMware 云一起使用。

❑ 必须启用 Open-iSCSI 启动器以实现对直连 SAN（Direct SAN）的访问。

❑ 不支持用于存储系统集成的 NFS 协议。

❑ 在使用 Hot-Add 传输模式时，不支持虚拟机拷贝的场景。

现在我们已经了解了 Backup Proxy 的功能改进及其在 v11a 中的变化，接下来看看这些功能改进的具体用途。

7.3　学习如何运用最新的功能改进

了解上述最新的功能改进后，你可能还想知道在备份环境中如何充分利用这些功能。下面几节将结合上一节了解到的 Linux Backup Proxy 的功能改进和 v11a 中的新内容，来看看这些功能改进的具体应用。

7.3.1　Linux Proxy 支持物理机、虚拟机

随着代理传输模式的改变，现在，物理服务器或虚拟化环境中的虚拟机都可以用作 Linux Backup Proxy。通过在虚拟化基础架构中部署 Linux Backup Proxy，能有效节省物理

硬件购置、维护和后续支持的成本。如果采用虚拟机的方式，则代理服务器作为虚拟化环境的一部分，你会省物理硬件的成本，维护、更新等将更加容易。不过如果选用物理服务器的方式，则可以与 iSCSI 或光纤通道（Fiber Channel，FC）进行存储整合，并在使用 10GB 或更高速的网络时实现更快的网络备份。物理服务器等硬件在更换故障部件、支持等方面都需要额外的成本，而且如果某个关键部件出现故障，则可能会使服务器停止工作，直到故障修复为止。

7.3.2　支持更多传输模式——NBD、Direct SAN 和 Hot-Add

当 Veeam Backup & Replication v10 中最初引入 Linux 代理服务器功能时，必须以虚拟机设备的模式来运行（Hot-Add）。在当时，这实际上就是要求使用一个 VMware 虚拟机作为代理服务器的角色来运行。Veeam Backup & Replication v11a 通过添加对 NBD 和 Direct SAN 模式的支持，使在 Linux 系统中可使用与 Windows 代理服务器相同的传输模式。

NBD 模式能利用 10GB 或更高带宽的高速网络，这样在使用物理机作为 Linux 代理服务器时，效果非常好。请注意，NBD 网络模式是基于主机所配置的 VM 内核管理网络来运行的。

Direct SAN 模式可以通过 iSCSI 等协议将代理服务器直接连接到虚拟机文件所在的数据存储，并越过大部分虚拟化的层次，从而直接访问该存储进行备份操作。Direct SAN 是比较快的备份模式之一。

在添加 Linux 代理服务器时，必须将 Linux 服务器本身添加到 Veeam 控制台的 Backup Infrastructure 选项卡下的 Managed Servers 区域，如图 7.3 所示。

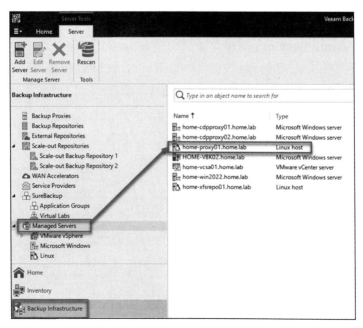

图 7.3　在受管服务器中添加 Linux 服务器作为备份代理服务器

在添加 Linux 服务器之后，即可在 Backup Proxies 区域将其添加为代理服务器，如图 7.4 所示。

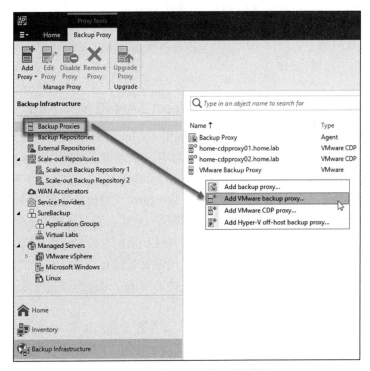

图 7.4　添加 Linux 代理服务器

选择 Add VMware backup proxy 菜单，启动 New VMware Proxy 向导，如图 7.5 所示。在向导的第一步，单击 Choose 按钮可以对 Transport Mode 进行设置。

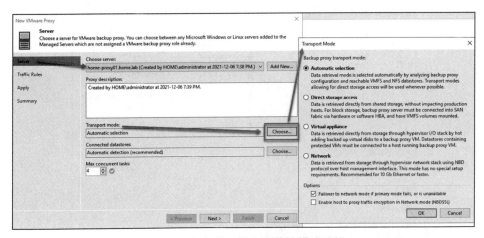

图 7.5　Linux 代理服务器传输模式选择

完成向导的各步骤之后，新建的 Linux 代理服务器将会显示出来，并可用于备份作业。

7.3.3　从存储快照备份

在现在的 v11a 中，Linux 代理服务器可以整合并基于存储基础架构中的存储快照来进行备份。这种模式被称为 Direct SAN 访问模式，该模式对其他基础架构上的流量消耗较少，因而性能非常好，特别是在虚拟环境中。

7.3.4　支持快速回滚 /CBT 恢复

在之前的版本中，基于变更块跟踪（Changed Blocks Tracking，CBT）恢复的快速回滚功能只能通过 Windows 代理服务器完成，而现在 v11a 中通过 Linux 代理服务器也可以实现，如图 7.6 所示。

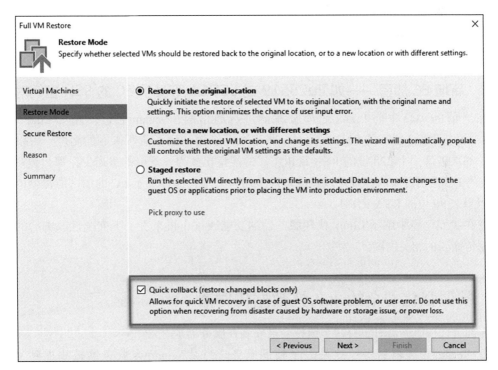

图 7.6　使用基于 CBT 的快速回滚

采用 Veeam Backup & Replication 的快速回滚功能，可以将服务器状态恢复到想要的还原点。在回滚时还会用到 CBT 恢复技术，这样使得业务服务器能够更快地恢复到可用状态。

7.3.5　永久性数据传输器部署

在安装 Linux 服务器并将其用作代理服务器的时候，注册传输组件时会将其永久性地部署到 Veeam 中。这个过程能提高性能和可扩展性，因为数据传输器不需要在每次任务启动时被推送到服务器上。Veeam 也会在备份作业执行期间自动创建 Linux 内置防火墙所需的规则。

7.3.6　强化数据传输器安全性

当使用一次性凭据时，永久性数据传输器将作为它所部署的凭据集内的某个受限用户身份运行。这种安全措施使黑客无法使用 API 来越权访问操作系统，从而有效阻止漏洞攻击。

7.3.7　基于证书而非保存的 Linux 凭据认证

在当前的 v11a 中，当使用操作系统凭据来访问创建的 Linux 代理服务器时，这些凭据不会被保存下来，Veeam 将使用公钥基础设施（Public Key Infrastructure，PKI）技术来进行认证。备份任务中所用到的备份服务器和传输组件，都基于传输任务部署过程中生成的密钥对来进行通信。

7.3.8　新增 EC 加密——如 Ed25519 或 ECDSA 等基于 EC 的 SSH 密钥对

在当前的 v11a 中与 Linux 代理服务器进行通信时，Veeam 通过使用如 Ed25519 或 ECDSA 等基于 EC 加密的 SSH 密钥对，将安全等级提升到了前所未有的高度。可以这样类比，如果破解一个 228 位的 RSA 密钥所需的能量比煮沸一茶匙的水还少，那么破解一个 228 位的 EC 密钥所需的能量足以煮沸地球上所有的水！这种基于 EC 的加密所提供的安全性相当于 2380 位的 RSA 密钥！

现在我们已经了解了 Linux 代理服务器的功能改进，再来看一下安全性改善后的永久性数据传输器的相关内容。

7.4　掌握强化安全的永久性数据传输器

在部署代理服务器时，有两个组件会被安装在服务器上。

- ❑ Veeam 安装器服务：这是一个辅助服务，当某 Windows 服务器被添加到 Veeam Backup & Replication 控制台内的受管服务器中以后，就会在该服务器上安装并启动此服务。这个服务会分析服务器的操作系统，并根据服务器的角色来安装或升级软件组件和服务。
- ❑ Veeam 数据传输器：这是代理服务器的核心，是代表备份服务器执行数据处理任务的组件。

对 Linux 代理服务器上的数据传输器来说，这个组件在 v11a 的部署过程中是永久性的。在之前的 v10 中，Linux 代理服务器的数据传输器组件在代理服务器每次执行备份作业时都会被部署，这在一定程度上会导致性能下降。

现在，在 v11a 中，当第一次将 Linux 代理服务器添加到 Veeam 控制台时，数据传输器就被永久性地部署到 Linux 代理服务器上，后续使用数据传输器时不需要在每个备份任务运行时重新部署。这样既节省了时间，也提高了性能，因为不需要将其反复部署。

 对尚不支持永久性数据传输器的 Linux 主机，例如集成了 Veeam 数据传输器的存储设备，v11a 将继续使用运行时数据传输器。

除此之外，如前所述，Veeam 已经能够为数据传输器使用基于 EC 的 SSH 密钥对，从而达到极高的安全水平。相关的说明如下：

❏ ECDSA——椭圆曲线数字签名算法
❏ Ed25519——爱德华兹曲线数字签名算法

了解了永久性数据传输器及其安全性增强之后，接下来看看 Veeam 是怎样使用证书替代凭据来进行认证的。

7.5　探究凭据取代证书的趋势

在向 Veeam Backup & Replication v11a 环境添加 Linux 服务器时，需要提供用于访问服务器的凭据。包括 Veeam 在内，大多数产品过去和现在都在使用这种方法。但是，一旦服务器建立连接，Veeam 将丢弃这些凭据，并使用 PKI 数字证书来完成所有和 Linux 之间的通信。

当添加某 Linux 服务器到 Veeam 控制台时，会用到所需的一次性凭据，然后丢弃凭据，改用证书。

那么，你可能会问自己——这对我有什么帮助呢？或者能给系统环境的安全性带来什么改善？凭据是存储在 Veeam 数据库和配置备份数据中的，因此，如果你的 Veeam 服务器被入侵，那么黑客会拿到配置备份的数据。因为一次性凭据已被丢弃，所以现在黑客只有在知道加密备份配置数据时所用密码的情况下，才能获取到你的系统访问密码！这是一个很好的提醒，为配置备份数据设置密码，以增加更多的安全保障。

图 7.7 所示为 Veeam 控制台中的 **Credentials** 对话框。

我们现在已经学习了凭据和证书的相关内容。下面是 Veeam 公司的市场战略总监 Rick Vanover 的补充内容，在我们为本章做总结之前，听他谈谈 Veeam 未来对 Linux 的相关支持及后续发展的看法。

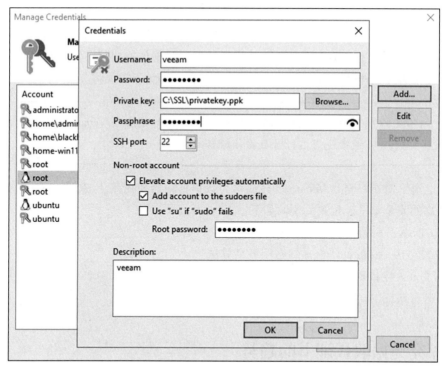

图 7.7　带有 Linux 证书的凭据对话框

7.6　后续 Linux 支持及发展——Rick Vanover 的展望

　　Veeam 已经开始了与 Linux 的合作之旅。关于 Veeam 对 Linux 的支持，最具标志性的积极行动之一是增加了 Linux 代理服务器，但这只是众多针对 Linux 功能改进中的一项。从备份存储的 XFS 块克隆（一种存储特性）、NFS 库、Veeam Agent for Linux，以及前面阐述过的证书增强功能等一切都可以看出，对 Veeam 来说，Linux 的重要地位是显而易见的。

　　此外，Veeam 最新的三个产品都基于 Linux（Veeam Backup for AWS、Microsoft Azure，以及 GCP）。即将推出的 Veeam Salesforce 备份产品也将基于 Linux。针对 Nutanix AHV 和 Red Hat Virtualization（红帽虚拟化）的新产品也提供了基于 Linux 的专用代理服务器。

　　虽然本书的重点是为当前部署使用 v11a 的管理员提供有效信息，但我们有理由期待 Veeam 将会在各个领域提供更多对 Linux 的支持。

小结

　　本章讨论了作为备份代理的 Linux 服务器的相关内容。我们了解了 Veeam Backup &

Replication v11a 中的新特性，理解了针对 Linux 代理服务器的独特功能所做的改进，学习了如何使得这些最新的功能改进在备份基础设施中发挥重要作用。然后我们讨论了目前在 Linux 代理服务器上使用的永久性数据传输器，及其对安全性的改善，还讨论了对于备份服务器和 Linux 代理服务器之间的通信是如何使用证书来代替凭据用于服务器认证的。

读完本章后，你能对代理服务器的功能改进和 v11a 中的新变化有更深入的了解。如果你还能将这些新功能与具体系统环境的安全性、性能优化需求相结合，则会对你的工作更有益处。

希望你现在对 Linux 代理服务器有了更多的理解和体会。第 8 章将介绍恢复 SQL Server 和 Oracle 数据库的最新功能改进。另外，我们还将介绍 NAS 备份的即时发布功能，以及针对 Microsoft Hyper-V 的数据恢复能力。

延伸阅读

- ❏ Linux 备份代理服务器要求：`https://helpcenter.veeam.com/docs/backup/vsphere/backup_proxy_requirements.html?ver=110`
- ❏ EC 加密说明：`https://xilinx.github.io/Vitis_Libraries/security/2021.2/guide_L1/internals/ecc.html`

第 8 章

掌握即时恢复

在 Veeam Backup & Replication 中，有几种通过即时恢复来恢复虚拟机的方法。本章将学习即时恢复功能，以及如何运用它。我们将讨论虚拟机恢复时的即时恢复，理解实现即时恢复的先决条件和要求，然后学习启动以及完成即时恢复的相关流程。我们还将深入探讨如何将即时恢复的虚拟机迁移到生产环境，或者取消恢复进程。最后还会了解到 Veeam Backup & Replication v11a 中即时恢复相关的新功能。

在本章结束时，你将完全掌握即时恢复，明白完成恢复进程所要做的环境准备，完成即时恢复从开始到结束的所有步骤，并弄清 v11a 中新的恢复功能。最后你还可掌握如何将即时恢复的服务器迁移到生产环境，或取消恢复进程的具体操作方法。

8.1　技术要求

学到这里，你应该已经安装了 Veeam Backup & Replication。如果你从头阅读本书，则可知第 1 章内容涵盖了 Veeam Backup & Replication 的安装和优化，可以在本章学习过程中参考。

8.2　了解即时恢复的要求和先决条件

现在我们对即时恢复过程有了一定的了解，再来看看实现即时恢复所需的组件和先决条件。有些 Veeam Backup & Replication 的组件是必不可少的，还要考虑存储空间的容量问题：

❑ vPower NFS 服务——这个服务是安装在 Windows 服务器上的，使其可作为 NFS 服务器，用于即时恢复过程中挂载备份文件。

❑ 缓存文件夹的磁盘空间——即时恢复需要缓存文件夹有额外的剩余空间 (对非持久性数据来说,建议至少 10GB)。

❑ 生产存储——如果要使用 Storage vMotion (存储实时迁移) 或 Quick Migration (快速迁移) 功能,那么结合虚拟机 VMDK 文件的大小,需要准备足够容量的存储用于虚拟机恢复操作。

即时虚拟机恢复的主要组件是 Veeam vPower NFS 服务,因为它在整个过程中执行了大部分的业务负载。如前所述,这是安装在某服务器上的 Windows 服务,用作从备份文件中加载虚拟机文件时所需的 NFS 服务器。

Veeam vPower 技术实现了以下功能:

❑ 恢复验证

❑ 即时恢复

❑ 即时虚拟机磁盘恢复

❑ 分阶段恢复

❑ 通用应用程序项恢复 (Universal Application-Item Recovery,U-AIR)

❑ 多操作系统 FLR

被指定为 vPower NFS 服务器的操作系统中,会创建一个特定的目录,称为 vPower NFS 数据存储。当从备份数据中启动一个虚拟机或虚拟机磁盘时,Veeam Backup & Replication 会将备份虚拟机的 VMDK 文件发布到 vPower NFS 数据存储上。在 vPower NFS 数据存储上会模拟出 (以创建指针的方式) VMDK 文件,但实际的 VMDK 文件仍然在备份存储库上。

一旦 vPower NFS 数据存储在备份存储库上创建了指向 VMDK 文件的指针,就会在 ESXi 主机上创建一个挂载点。然后,ESXi 主机就可以访问 vPower NFS 数据存储中所存备份虚拟机的镜像文件,并将其当作普通 VMDK 文件来使用。在 vPower NFS 数据存储内模拟 VMDK 文件的过程中,vPower NFS 组件的作用在于创建一个指向备份存储库中实际 VMDK 文件的指针。

> ℹ️ **重要提示** 在使用 Veeam vPower NFS 数据存储时,只允许 Veeam vPower 相关操作,不允许将它们作为常规的 VMware vSphere 数据存储使用。例如,复制的虚拟机文件不能放在这种数据存储上。

在确定 vPower NFS 服务器服务位置时,强烈建议将其放置在用于 Windows 存储库的服务器上。如果存储库服务器是 Linux,则另需一台 Windows 服务器来安装该服务。可以直接在存储库服务器上安装 vPower NFS 数据存储,使得 Veeam Backup & Replication 可以连接到备份存储库,以及挂载了 vPower NFS 数据存储的 ESXi 主机。当 vPower NFS 服务器服务不在存储库服务器上运行时,则可能会影响恢复验证操作的性能,这是因为 ESXi 主机和备份存储库之间的连接会被分割成两个步骤:

❑ 从 ESXi 主机到 vPower NFS 服务器

❑ 从 vPower NFS 服务器到备份存储库

关于 vPower 服务还有最后一个需要注意的问题，就是要确保在 ESXi 主机和 vPower NFS 服务器上正确地配置网络接口。ESXi 主机必须能够通过网络访问 vPower NFS 服务器，否则，它无法在需要的时候有效地挂载其数据存储。ESXi 主机使用 VMkernel 接口来挂载 vPower NFS 数据存储，所以 VMkernel 接口也必须配置好，不然也会导致 vPower NFS 数据存储挂载失败。

> **注意** IP 地址授权可用于限制对 vPower NFS 服务器的访问。只有配置了 vPower NFS 数据存储的 ESXi 主机能够获得访问权。

即时恢复工作原理如图 8.1 所示。

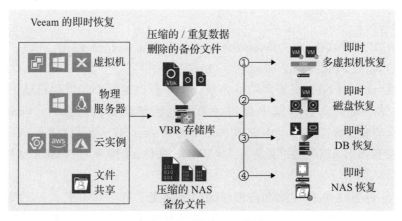

图 8.1　即时恢复原理概况

我们现在知道了实现即时恢复的要求，包括 vPower NFS 服务，它用于完成数据存储挂载任务，并与存储库服务器及其备份文件进行通信。接下来我们将深入研究这个过程的具体工作流程，以及怎样执行即时恢复操作。

8.3　理解即时恢复的定义

Veeam Backup & Replication 支持传统的备份和恢复操作，但有的时候因为当前虚拟机中的文件被损坏或意外删除，所以需要恢复整个虚拟机，这时该怎么办？针对这种情况，即时恢复可以直接将各种类型的业务负载从备份文件立即恢复为 VMware vSphere 的虚拟机，并运行该虚拟机。Veeam 的即时恢复支持的备份文件类型如下：

❑ Veeam Backup & Replication 备份：

○ VMware vSphere

- ○ vCloud Director
- ○ Microsoft Hyper-V
- ❑ Veeam Agent 备份：
  - ○ Windows Agent
  - ○ Linux Agent
- ❑ Nutanix AHV 备份
  - ○ Nutanix AHV 的 Veeam Backup
- ❑ 云备份：
  - ○ Amazon EC2
  - ○ Microsoft Azure

如上列表所示，可用于 Veeam 即时恢复的备份数据来源很多。采用即时恢复可有效提高 RTO，并尽量减少生产环境中业务负载中断和停机的时间。使用即时恢复就像为业务负载提供了一个临时备用的系统，这个系统使用户可以让生产系统保持连续运转，而不是花费难以预估的时间去排除业务负载的故障和问题。

在执行即时恢复时，Veeam Backup & Replication 使用 Veeam vPower 技术，读取压缩和去重（重复数据删除）后的虚拟机镜像数据备份文件，将其直接挂载到 ESXi 主机上。由于不需要先将数据从备份文件中提取并展开，因此可以做到在几分钟内基于任意的还原点快速地恢复业务系统。

当为即时恢复选择某个还原点时，此时备份镜像的数据保持只读状态，以避免造成意外的修改。同时，对运行中虚拟机的虚拟磁盘的所有更改操作，都使用 vPower NFS 记录在一个辅助重做日志文件中。当即时恢复的虚拟机被删除时，这些记录磁盘数据变化的日志也会被丢弃。如果在即时恢复任务完成时选择将其迁移到生产环境中去，则此重做日志将会与原始虚拟机镜像数据合并。

在即时恢复过程中，如果将数据存储重定向到特定的其他设备上，则能有效改善恢复出来的虚拟机的 I/O 性能。此时 Veeam Backup & Replication 可以基于快照机制而非重做日志来记录虚拟机磁盘的变化。设定的数据存储上会创建 Veeam IR 目录，虚拟机的磁盘变化以元数据文件的形式被保存在其中。

结束即时恢复任务时有 3 种选择：

1. 存储实时迁移——可以实现在不停机的情况下快速将恢复出来的虚拟机迁移到生产环境的存储上。数据将从 NFS 数据存储传输到生产存储，并在虚拟机仍处于运行状态的情况下整合虚拟磁盘的变化。

ℹ 重要提示　只有选择在 NFS 数据存储上保留虚拟机的更改而不对其进行重定向时，才能使用存储实时迁移。如前所述，对其重定向是为了提高虚拟机的 I/O 性能。存储实时迁移功能需要特定的 VMware 许可证。

2. 复制或虚拟机拷贝——可以创建一个虚拟机的拷贝，并在系统维护期间或下一次适当的时机对其进行故障转移。与存储实时迁移不同，这种情况下需要将虚拟机停机来克隆或复制虚拟机，关闭其电源，然后打开复制的或拷贝的虚拟机副本。

3. 快速迁移——这是包含了两个步骤的迁移过程，第一步是从位于生产服务器上的备份文件中恢复虚拟机，而不是从 vPower NFS 数据存储中读取数据。第二步所有的磁盘变更数据都会被转移到生产环境并与恢复出的虚拟机数据合并。请参考本章末尾的"延伸阅读"部分——那里有一个链接，可以获取有关这个主题的更多信息。

即时恢复的整个过程大致如图 8.2 所示。

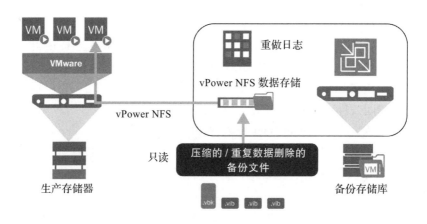

图 8.2　即时恢复的整个步骤

除了即时恢复，还有另一种选择，就是即时虚拟机磁盘恢复。有什么区别呢？即时恢复操作恢复的是整个虚拟机，而即时虚拟机磁盘恢复，则是恢复虚拟机的单个磁盘。为什么需要这种操作？有两个很好的理由：

1. 有时需要恢复虚拟机的磁盘，而不是整个虚拟机。如果要恢复整个虚拟机，那么就采用即时恢复的方式。

2. 有时需要在保持目标虚拟机电源处于开启的状态下，恢复某个虚拟磁盘并将其连接到该虚拟机。不过，如果虚拟机可以关闭电源，通常会使用虚拟磁盘恢复的方式来实现。本章内容结尾"延伸阅读"部分有相关文档的链接。

现在我们已经知道了什么是即时恢复以及它是如何工作的，下面来学习实现即时恢复操作的过程和步骤。

8.4　学习即时恢复的过程和步骤

即时恢复操作在后台主要有四个步骤：

❏ 初始化阶段——这是该过程的起始步骤，执行以下任务：

　A. 在 Veeam 备份服务器上启动 Veeam 备份管理器进程。

　B. Veeam 备份服务验证所需的备份基础架构资源是否可用于即时恢复。

　C. 备份存储库上的传输服务启动 Veeam 数据传输器。

❏ NFS 映射——在 Veeam 准备好基础架构资源后，使用 vPower NFS 服务将一个空的 NFS 数据存储映射到选定的 ESXi 主机上。这里的资源中包含缓存文件，虚拟机磁盘的变化将写入其中，而不会写入备份存储库中。

❏ 注册并启动虚拟机——虚拟机将从 Veeam NFS 数据存储中运行，该存储被视为 VMware vSphere 中连接到 ESXi 主机上的普通数据存储。基于这个原因，vCenter Server/ESXi 中的所有操作都可以在此新注册的虚拟机上执行。

❏ 将客户机迁移到生产数据存储——确认恢复的虚拟机已经处于预期工作状态后，则可使用存储实时迁移或 Veeam 快速迁移，将虚拟机的磁盘数据迁移到生产环境中的数据存储上去。

关于即时恢复过程中的读取模型和写入重定向，有几个性能相关的问题需要注意：

❏ 读取模型——即时恢复的 I/O 操作是高密集读取型的，与底层存储库的性能直接相关。使用支持重复数据删除的存储设备应当慎重考虑，建议首选基于常规驱动器的存储库，这样可以达到良好的效果。当启动一个以上的即时恢复操作时，支持重复数据删除的存储设备性能可能会受到影响。

❏ 写入重定向——启动客户虚拟机后，现有数据块的读取将来自备份存储，然后在配置的存储上写入 / 重新读取新的数据块，无论它是普通数据存储还是 vPower NFS 服务器本地驱动器上的临时文件，都是按此方式运行。默认情况下，临时文件位于此文件夹中：%ALLUSERSPROFILE%\Veeam\Backup\NfsDatastore。Veeam 建议将恢复出的虚拟机的写入操作重定向到生产环境的 ESXi 主机数据存储上，这样就能让即时恢复过程中虚拟机的磁盘 I/O 性能和平常生产环境中的保持一致。

启动即时恢复操作之前，需要考虑以下几个方面的情况：

❏ 至少有一个有效的备份还原点，可以从其恢复业务负载。

❏ 如果将业务负载还原到生产环境的网络中，需确保原有的业务虚拟机的电源已经关闭。

❏ 如果想对恢复出来的虚拟机数据进行病毒扫描，则要检查安全恢复的要求和限制（见本章末尾“延伸阅读”相关内容）。

❏ 必须在 vPower NFS 数据存储中提供足量的可用磁盘空间。最小剩余空间必须等于所要恢复虚拟机的 RAM（内存）容量加上 200MB。例如，如果要恢复的虚拟机有 32GB 的虚拟 RAM，则数据存储中至少需要 32.2GB 的剩余空间。

❏ 默认情况下，vPower NFS 数据存储位于具有最大剩余空间的卷上的 IRCache 文件夹中。在作业配置期间，如果将虚拟磁盘的更新重定向到 VMware vSphere 的数据存储，则不会使用该文件夹。

❑ 基于智能交换的 Veeam 快速迁移——这种情况下需要在 vPower NFS 数据存储中提供更多的磁盘空间，其最小值等于虚拟机的内存容量。

❑ Nutanix AHV 虚拟机——针对 Nutanix AHV 虚拟化环境，即时恢复虚拟机的默认虚拟硬件为 2 个 CPU 内核、4GB 内存和一个网络适配器。

现在让我们来看看启动即时恢复的过程，需要完成以下步骤：

1. 单击 Veeam 控制台 Home 选项卡上的 Backups 启动即时恢复向导，并单击 Restore 按钮，然后选择 VMware vSphere 菜单，如图 8.3 所示。

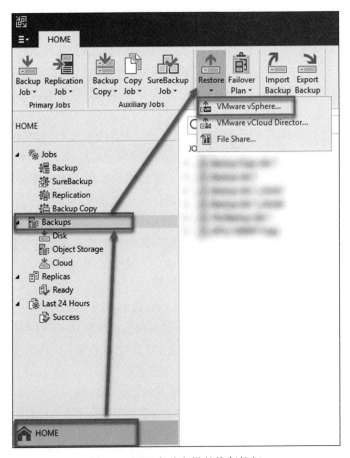

图 8.3 用于启动向导的恢复按钮

2. 单击 VMware vSphere 菜单后，可看到一个标题为 Restore 的对话框，询问是要 Restore from backup（从备份恢复）还是要 Restore from replica（从复制恢复），如图 8.4 所示。

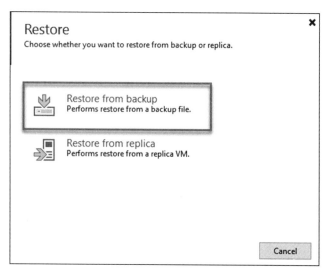

图 8.4　选择从备份或复制恢复

3. 单击 Restore from backup，就会看到 Restore from Backup 向导，在这里再选择
　 Entire VM restore（恢复整个虚拟机）选项，如图 8.5 所示。

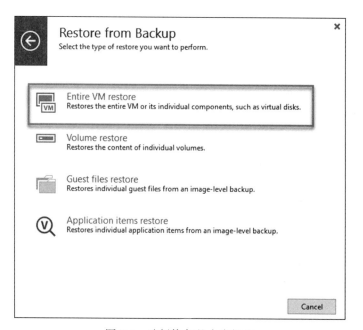

图 8.5　选择恢复整个虚拟机

4. 单击 Entire VM restore 后，会看到 Instant VM recovery 选项，用于启动即时恢复
　 向导，如图 8.6 所示。

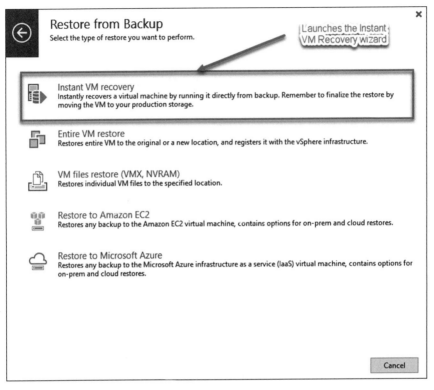

图 8.6　启动即时恢复向导的选项

5. 单击 Instant VM recovery 选项后，Veeam 会启动即时恢复向导，其对话框标题为 Instant Recovery to VMware，如图 8.7 所示。

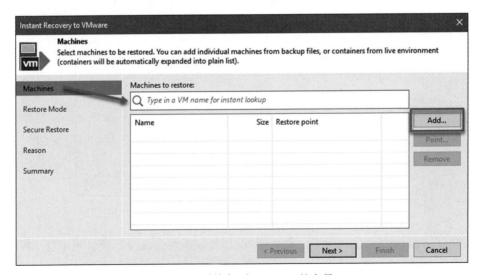

图 8.7　即时恢复到 VMware 的向导

6. 在这个对话框中，可以输入虚拟机名称进行搜索，或者单击 Add 按钮，从已备份虚
   拟机列表中选择一个虚拟机，如图 8.8 所示。

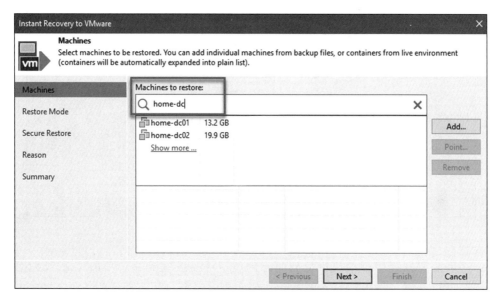

图 8.8　输入虚拟机名进行快速搜索

也可以单击 Add 按钮，从基础架构或备份中选择待恢复的虚拟机，如图 8.9 所示。

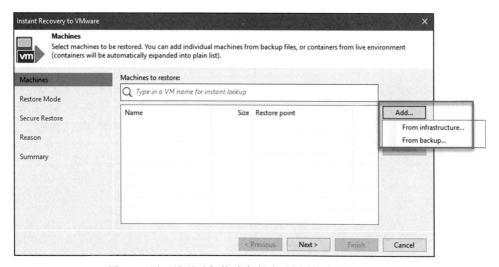

图 8.9　用于从基础架构或备份中选择虚拟机的 Add 按钮

7. 选好虚拟机之后，可单击 Next 按钮，进入向导的 Restore Mode 设置界面，如
   图 8.10 所示。

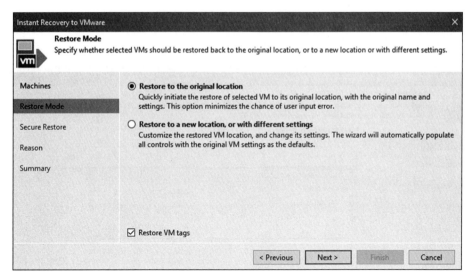

图 8.10　恢复模式选择

8. 这里需要选择将虚拟机恢复到原来的位置还是恢复到一个新的位置，或者采用不同的设置。选择第一个选项可以在无须任何用户交互操作的情况下进行恢复，这样向导会直接来到 Reason 步骤。选择第二个选项的话，则需要进一步设定 Destination、Datastore 和 Secure Restore 相关选项，在这个界面中，还可以勾选 Restore VM tags 复选框以恢复虚拟机标签，如图 8.11 所示。

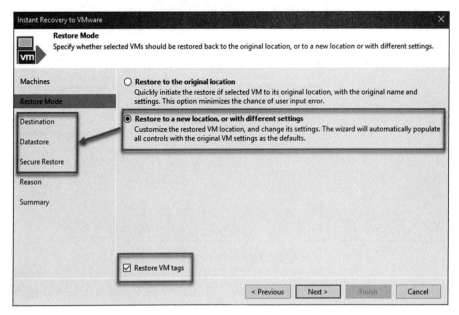

图 8.11　恢复到一个新的位置或采用不同的设置

9. 单击 Next 按钮进入向导的 Destination 界面，指定诸如 Restore VM name、Host、VM folder、Resource pool 等内容，还可通过 Advanced 按钮自定义虚拟机的通用唯一标识符（Universal Unique Identifier，UUID），如图 8.12 所示。

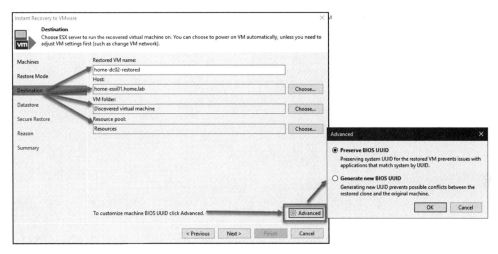

图 8.12　恢复目的地选项和 UUID 设置

10. 所有字段设置完毕之后，单击 Next 按钮进入数据存储选择界面，如图 8.13 所示。

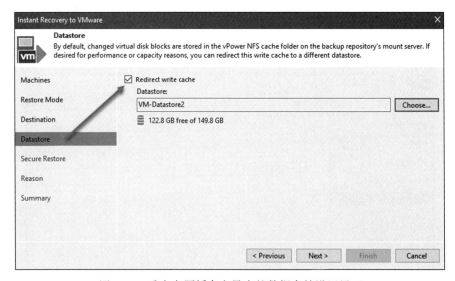

图 8.13　重定向写缓存向导中的数据存储设置界面

11. 在这一步，可以勾选 Redirect write cache 选项，从而设定写缓存采用数据存储，而非vPower NFS 服务器上的缓存文件夹。如图 8.13 所示，当考虑容量、性能等因素时，可以如此设置。做出选择后，单击 Next 进入 Secure Restore 设置部分，如图 8.14 所示。

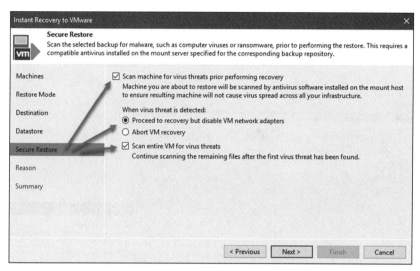

图 8.14 安全还原选项：在恢复过程中对虚拟机进行病毒扫描

12. 这里勾选 Scan machine for virus threats prior performing recovery（在执行恢复之前扫描机器是否有病毒威胁）选项，并选择当发现病毒时，是继续还是终止即时恢复操作。也可以选择 Scan entire VM for virus threats（扫描整个虚拟机的病毒威胁），这样将需要更长的时间来完成恢复，以确保服务器没有被病毒感染。当所需的选项被启用后，单击 Next 按钮进入向导的 Reason 界面，如图 8.15 所示。

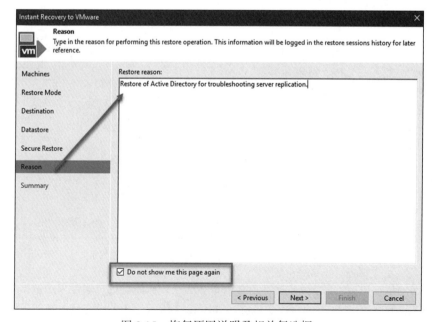

图 8.15 恢复原因说明及相关复选框

13. 在恢复原因向导界面输入本次恢复操作的原因等描述信息后，根据需要可以选择勾选 Do not show me this page again 复选框。单击 Next 按钮，向导来到 Summary 页面，然后单击 Finish 按钮，即可开始即时恢复操作。

> 📊 信息　在这里有两个选项供选择：Connect VM to network（将虚拟机连接到网络）和 Power on target VM after restoring（恢复完成后开启目标虚拟机）。请注意，你有时可能不希望虚拟机开机后立即连接网络，以避免与原来的虚拟机发生 IP/MAC 地址冲突，但如果选择恢复完成后开启目标虚拟机，则会有一个警告提示你要确保原来的虚拟机已关闭电源，如图 8.16 所示。

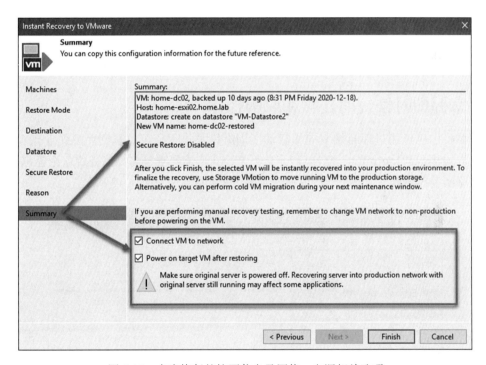

图 8.16　本次恢复的摘要信息及网络、电源相关选项

此外，在恢复过程中还需要注意的是，正如 8.2 节中，我们讨论过 vPower NFS 服务器以及它是如何将数据存储挂载到 ESXi 主机上的，在向导中曾选择将虚拟机恢复到该主机。图 8.17 展示的是挂载到 ESXi 主机上的数据存储——home-esxi02.home.lab——用于即时恢复过程中。

这里需要记住的是，在向导过程中名为 VM-Datastore2 的数据存储，已被设置用于存放写缓存变更的元数据。

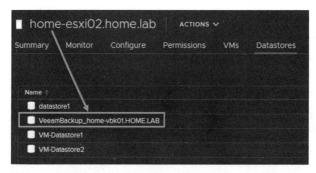

图 8.17 已挂载的用于即时恢复的 vPower NFS 数据存储

现在可以监控恢复操作的过程，并观察相关的虚拟化环境，可以看到基础架构中重新创建的虚拟机。到这里为止，我们结束了本章关于即时恢复的内容，我们将在下一节中探讨如何将虚拟机迁入生产环境，或如何取消/删除已恢复的虚拟机。

8.5 掌握即时恢复的迁移和取消操作

现在我们已经通过即时恢复向导启动了即时恢复过程，可以看到恢复作业正在运行，该虚拟机的状态是 Mounted（已挂载）。接下来，我们需要选择将如何处置这个虚拟机，是把它保留在生产环境中，还是通过取消恢复操作来删除它，如图 8.18 所示。

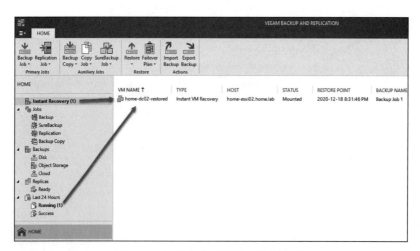

图 8.18 运行状态下的即时恢复作业

当你在界面右侧窗口中选中某个作业时，工具栏会随之变化，出现四个选项，如图 8.19 所示。

❑ Migrate to Production（迁移到生产环境）——该选项会启动一个向导来进行快速迁移，从而将虚拟机迁移到生产环境。

❏ Open VM Console（打开虚拟机控制台）——该选项会启动虚拟机控制台，从而可
以在迁移到生产环境之前登录到虚拟机并检查其运行状况。点击此选项时，会提示
需要 vCenter 的登录凭据。

❏ Stop Publishing（停止发布）——该选项通过卸载数据存储、删除虚拟机，以及停
止即时恢复作业来取消作业。

❏ Properties（属性）——该选项显示即时恢复作业的属性。

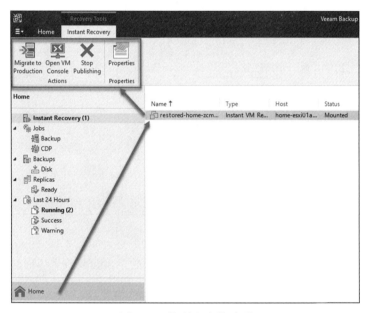

图 8.19　控制台中的选项

下面的步骤简述了 Migrate to Production 选项的操作步骤：

1. 单击 Migrate to Production 按钮，或右击该作业，并选择对应的菜单，如图 8.20 所示。

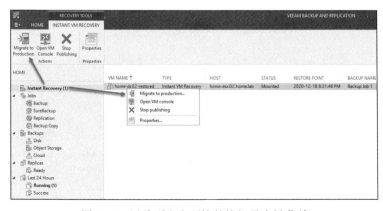

图 8.20　迁移到生产环境的按钮及右键菜单

2. 然后可以看到 Quick Migration 向导。输入 Destination 选项，其中包括 Host or cluster、Resource pool、VM folder 和 Datastore，如图 8.21 所示。

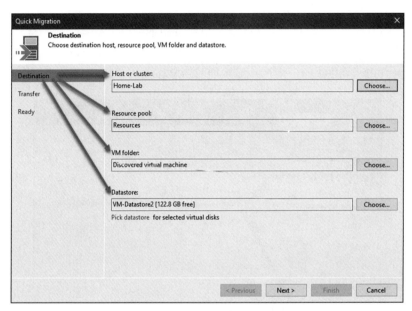

图 8.21 快速迁移目的地选择

3. 在各选项设置好之后，单击 Next 按钮进入向导的 Transfer 设置界面，如图 8.22 所示。

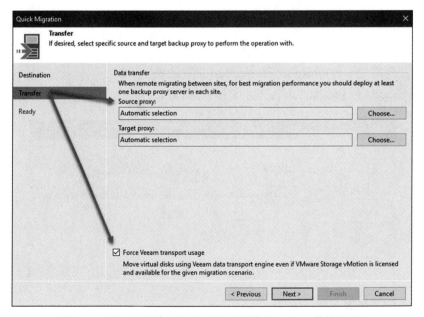

图 8.22 源 / 目标代理服务器及强制使用 Veeam 传输选项

4. 这个界面中可以选择使用特定的 Source proxy/Target proxy，然后勾选 Force
   Veeam transport usage 的复选框。如果所用 VMware vSphere 的许可证没有存储
   实时迁移功能，则勾选这个选项很有用，可以确保将虚拟机传输到基础架构的操作由
   Veeam Backup & Replication 来完成。如果 vSphere 的许可证包含了存储实时迁移功能，
   那么最好让 VMware 来处理虚拟机的迁移操作，则不必勾选该选项。单击 Next 按钮
   进入 Ready 界面，然后单击 Finish 按钮，即开始将虚拟机迁移到生产环境的过程。

快速迁移向导开始运行，VMware vSphere 会将虚拟机的存储实时迁移至所选的数据存
储。然后，如果选择了集群或者在向导中指定了某 ESXi 主机，则会在相关 ESXi 主机上注
册该虚拟机。

如果选择 Open VM Console 按钮，则将在 vCenter 环境中启动虚拟机的控制台。此时
会提示需要提供 vCenter 的凭用于登录，然后打开控制台窗口，可以在迁移到生产环境或
取消即时恢复之前，登录到该虚拟机的控制台窗口做相关检查。

如果不希望将虚拟机迁移到生产环境，可单击工具栏中的 Stop Publishing 按钮。选择
这个选项则会将虚拟机从 vCenter 虚拟机清单中删除，并卸载（即取消挂载）ESXi 主机上
的 NFS 数据存储，然后恢复作业就被取消了，如图 8.23 所示。

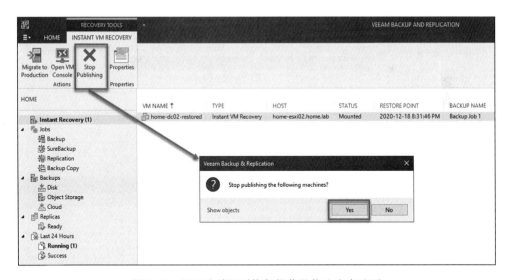

图 8.23　用于取消即时恢复操作的停止发布选项

单击 Yes 按钮后，它将完成对虚拟机和数据存储的卸载，然后显示任务完成，如
图 8.24 所示。

在即时恢复任务上单击 Properties 按钮时，恢复作业的进度及细节等信息就会显示出
来，如图 8.25 所示。

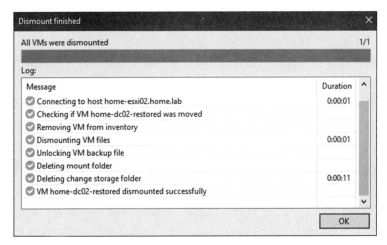

图 8.24 停止发布——卸载虚拟机和数据存储

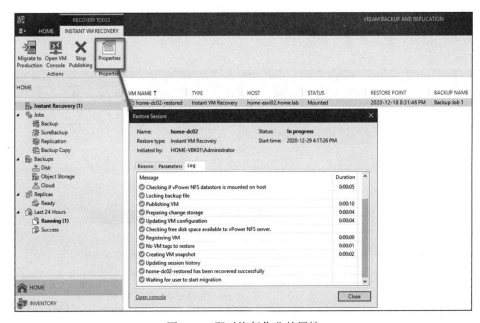

图 8.25 即时恢复作业的属性

本节内容介绍了整个即时恢复的过程，接下来再看看 v11a 对即时恢复功能的改进和其他相关内容。

8.6 探究 Veeam Backup & Replication v11a 的更新

随着最新的 Veeam Backup & Replication v11a 的发布，与即时恢复相关的功能得到了一些很有价值的补充，以下是新版中增加的特性：

- ❑ Microsoft SQL Server 和 Oracle 数据库即时恢复
- ❑ NAS 备份即时发布功能
- ❑ 即时恢复任意备份到 Microsoft Hyper-V

现在让我们来看看这些细节，并了解它们在 v11a 中是如何工作的。

8.6.1　Microsoft SQL Server 和 Oracle 数据库即时恢复

如果你的数据库系统不能启动了，或者开发人员不小心从数据库中删除了某个表，你会怎么做？对数据库管理员来说，典型的最佳实践是在 SQL 中设置备份作业，但如果事先没有准备这些备份作业呢？好吧，Veeam 可以挽救这种局面！无论大小，Veeam 均可将数据库恢复到最后时刻的状态，或某个时间点的状态，也可以将其恢复到生产环境中任意的数据库服务器或集群。

通过 Veeam 的即时恢复，数据库的备份可以立即用于生产环境中的应用程序及数据库客户端。对数据库的修改可以正常进行，并保留在缓存中，同时永远不会对备份进行改动。Veeam 可将数据库恢复到生产存储中，然后与位于相同或不同生产存储中的、实际已修改后的数据库状态保持同步。结束即时恢复时，可将数据库切换到基于生产存储来运行。完成上述整个过程花费的停机时间极少，类似于重新启动数据库的操作。数据库状态切换操作可以手动完成，也可以通过自动化的方式来安排。

这些操作在进行数据同步操作期间，或系统维护期间均可完成。这种数据库恢复方法采用的是基于服务的架构，其运行不依赖于 Veeam 数据浏览器用户界面。现在设想一下，如果 Veeam 备份基础架构中的某些组件因维护不当或其他不可预见的问题而重新启动，则会出现什么情况？所有组件重新上线后，即时恢复机制将自动继续执行恢复任务。如果出现一个小时或更长时间的中断，则需要使用 Veeam 数据浏览器的用户界面进行手动干预以启动恢复任务。

有关 Microsoft SQL Server 即时恢复运行机制的更多信息，请参考此页面：`https://helpcenter.veeam.com/docs/backup/explorers/vesql_instant_hiw.html?ver=110`。

 重要提示 即时数据库恢复功能包含于 Veeam 通用许可证中。当使用传统的基于 Socket 的许可证时，则需要企业版或更高版本的许可证。

Microsoft SQL Server 即时恢复操作如图 8.26 所示。

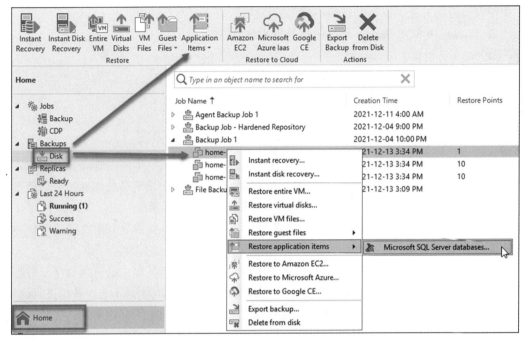

图 8.26　启动 Microsoft SQL Server 即时恢复操作

在启动向导并选择了要使用的还原点后，界面将来到 Veeam SQL Server 数据浏览器，在这里选择要恢复的数据库，如图 8.27 所示。

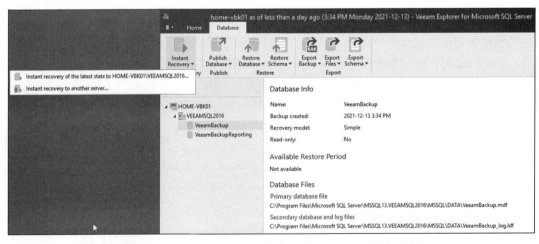

图 8.27　Veeam SQL Server 数据浏览器——即时恢复选择

接下来在向导中选择目标 SQL 服务器，包括服务器名、数据库名、用户账号等信息，如图 8.28 所示。

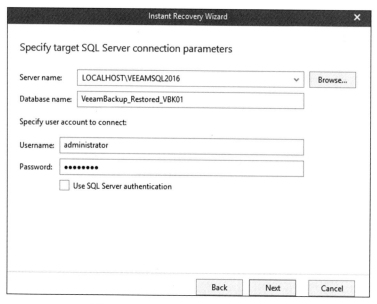

图 8.28 即时恢复的目标 SQL 服务器

然后设置在目标服务器上数据库文件的路径和名称，如图 8.29 所示。

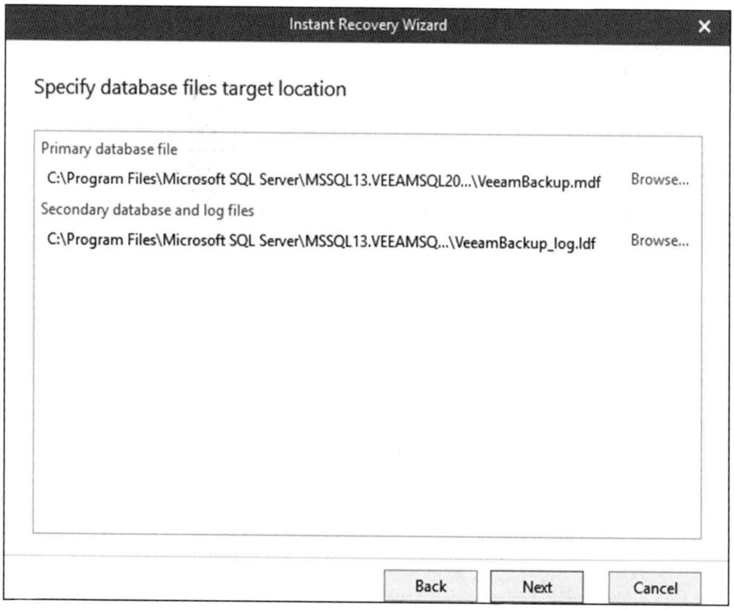

图 8.29 目标 SQL 服务器上的数据库文件名和路径

最后设置主备切换类型，如图 8.30 所示。

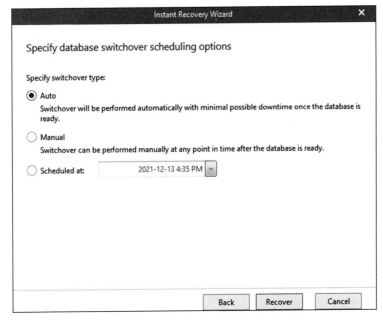

图 8.30　数据库主备切换类型选择

8.6.2　即时文件共享恢复

如果你的 NAS 或文件服务器丢失了，或者共享的文件被意外地删除了，那么会出现什么情况？在没有使用 Veeam 的情况下，这时只能尝试使用其他工具来找回数据。Veeam 现在能够从 SMB 文件共享备份中根据最后的或早期的还原点，将其发布到设定的挂载服务器上。有了这个功能，在对 NAS 数据进行修复或恢复操作时，用户可以直接访问挂载到此服务器上临时路径的数据。

针对文件共享的即时恢复功能，Veeam 的应用系统测试员们还发现了其他一些用例。即时文件共享恢复使第三方应用程序和脚本能够随时访问备份数据，从而将其用于数据挖掘和其他数据重用的场景，并且可以避免文件锁定，不会对生产环境产生影响。这种方式能够将这些对数据访问的操作分流到备份存储硬件设备上，而这些设备通常在生产时间内处于闲置状态。

> 注意　规划文件共享恢复时，需要注意的是它只支持 SMB 文件共享，并且恢复出来的文件共享的状态是只读的，不允许写入操作和更改。

即时文件共享恢复功能发布出来的 NAS 备份如图 8.31 所示。

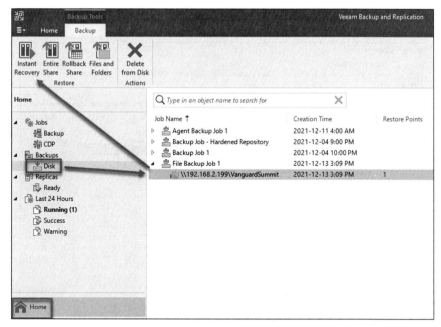

图 8.31　NAS 备份的即时恢复

启动恢复向导后，先选择还原点，然后会提示要使用哪个 Mount Servers（挂载服务器），如图 8.32 所示。

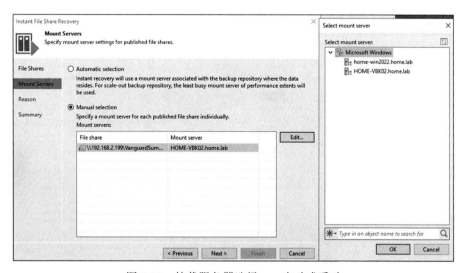

图 8.32　挂载服务器选择——自动或手动

这里可以选择让 Veeam 使用备份服务器作为挂载服务器，或者也可以单击 Manual selection 和 Edit 按钮来自行设定。选好挂载服务器之后，向导会来到 Access Permissions

（访问权限）设置界面，在界面中需选择一个 Owner account（所有者账号），如图 8.33 所示。

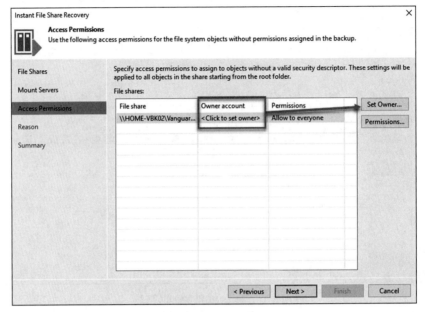

图 8.33　访问权限和所有者账号设置

接下来单击 Next 按钮进入 Reason 设置界面，可以在此输入恢复原因等信息。然后查看恢复设置的 Summary 信息，并单击 Finish 按钮来启动文件共享挂载操作。这时会有一个 Open file share（打开文件共享）链接，点击该链接，即可在资源管理器中查看所选还原点挂载到服务器上之后的共享文件夹的内容，如图 8.34 所示。

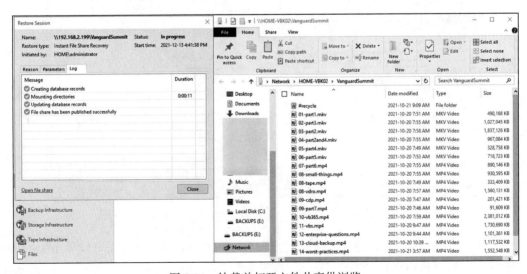

图 8.34　挂载并打开文件共享供浏览

此时可以看到，Instant Recovery 选项卡现在也显示在 Veeam 控制台的 Home 中，如图 8.35 所示。

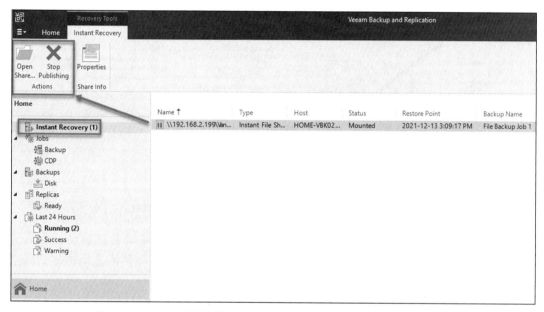

图 8.35　Veeam 控制台首页显示的正在运行的即时恢复任务及其选项

文件共享恢复用完之后，单击 Stop Publishing 按钮，即可终止恢复过程，并将上述还原点对应的文件夹从挂载服务器上卸载。

现在我们已经知道了 NAS 即时恢复是如何实现的，接下来再看看如何将任意备份恢复到 Microsoft Hyper-V 中。

8.6.3　即时恢复任意备份到 Microsoft Hyper-V

Veeam Backup & Replication v11a 具备将任意类型的物理服务器、工作站、虚拟机或云服务实例，恢复及移植到 Microsoft Hyper-V 虚拟机的能力，无论是哪个 Veeam 产品创建的备份均可。这种恢复能力得益于 Veeam 内置的 P2V/V2V 转换逻辑——以高速且灵活的方式实现恢复和迁移，使混合云 DR 成为现实，而且无须学习任何新的知识。

另外，由于 Veeam 运行在微软的 Windows 系统上，因此 Hyper-V 主机是现成的，直接内置于 Windows 系统中，且可用于虚拟机恢复。Veeam 甚至还支持将 Windows 10 Hyper-V 作为恢复的目标系统，允许 MSP（Managed Service Providers，管理服务提供商）为客户创建基于 Windows 10 的一体式 DR 设备。

将虚拟机恢复到 Microsoft Hyper-V 如图 8.36 所示。

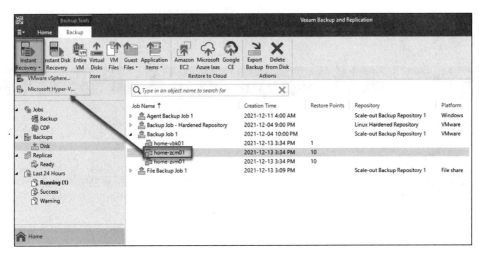

图 8.36 虚拟机选择和即时恢复按钮——Microsoft Hyper-V

选择了即时恢复的 Microsoft Hyper-V 菜单后，即时恢复向导就会被启动。然后你将看到虚拟机集合，并选择其中的某个还原点。继续操作之后，你还需选择恢复到哪个 Hyper-V 主机，如图 8.37 所示。

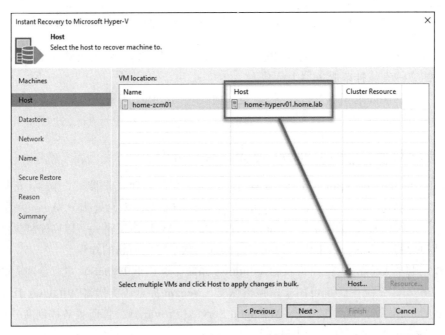

图 8.37 选择 Hyper-V 主机

然后出现的是 Datastore 选择界面，它将列出该 Hyper-V 主机的虚拟机文件存放位置，如图 8.38 所示。

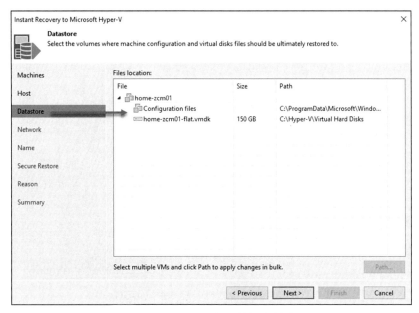

图 8.38　虚拟机文件的数据存储位置

接下来是网络选择，在这里可以选择让它暂时断开连接，如图 8.39 所示。

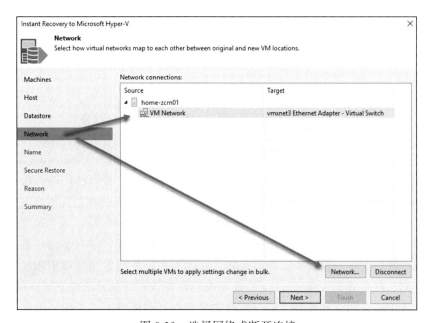

图 8.39　选择网络或断开连接

之后是为恢复的虚拟机设置名称，以及是否为该虚拟机生成一个新的系统 UUID，如图 8.40 所示。

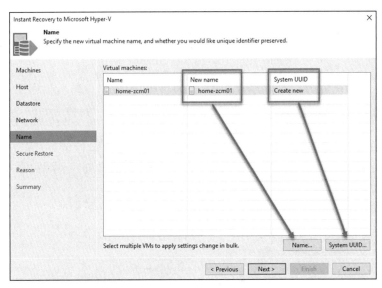

图 8.40 设置虚拟机名称和系统 UUID

> **注意** 通常可以选择创建一个新的系统 UUID，这样恢复出来的虚拟机和原来的虚拟机之间发生冲突的概率就会低一些。

继续完成向导的其余步骤，包括用于病毒扫描的 Secure Restore 选项、Reason 和 Summary 选项卡，最后单击 Finish 以结束恢复操作。

学完了即时恢复的最新功能及其改进之后，我们接下来总结所学到和掌握的内容，以结束本章。

小结

在本章中，我们了解了即时恢复功能，以及在这个过程中可以使用的备份类型，回顾了进行即时恢复操作的要求和先决条件，以及 vPower NFS 服务在执行即时恢复任务时所发挥的关键作用。

我们还讨论并实践了基于向导的执行即时恢复操作的过程，学习了如何进行快速迁移从而将虚拟机转移到生产环境中，以及怎样停止虚拟机的发布状态以取消恢复、卸载虚拟机和数据存储。最后我们了解了 v11a 的新功能和功能改进，从而知道在 v11a 中还有哪些即时恢复选项可用。阅读完本章之后，你现在应该对即时恢复有了更深的理解，明白它是什么，还应当知道进行恢复的要求和先决条件，包括至关重要的 vPower NFS 服务。

最后，你还应该能够掌握如何将虚拟机迁移到生产环境中，或者取消并卸载虚拟机和数据存储。希望你通过本章内容的学习，现在能更好地理解即时恢复的工作原理，以及将虚拟机迁移到生产环境中或简单地取消恢复其操作是多么的便捷。另外，还需了解 v11a 中的最新功能，以及它们如何适用于当前的系统环境。

　　第 9 章将深入探讨 Veeam 的监控和报告工具，从而保持对备份数据、虚拟化基础架构，以及最新版本中新功能的持续关注。

延伸阅读

- ❑ 快速迁移：https://helpcenter.veeam.com/docs/backup/vsphere/quick_migration.html?ver=110
- ❑ 虚拟磁盘恢复：https://helpcenter.veeam.com/docs/backup/vsphere/virtual_drive_recovery.html?ver=110
- ❑ 如何执行即时恢复（视频）：https://www.veeam.com/instant-vm-recovery.html
- ❑ 安全恢复的要求和限制：https://helpcenter.veeam.com/docs/backup/vsphere/av_scan_about.html?ver=110
- ❑ vPower NFS 信息：https://helpcenter.veeam.com/docs/backup/vsphere/vpower_nfs_service.html?ver=110
- ❑ 即时恢复最佳实践：https://bp.veeam.com/vbr/Support/S_Vmware/instant_vm_recovery.html#:~:text=%20Instant%20VM%20Recovery%20%28IVMR%29%20%201%20Link%0AWrite,...%20%203%20Link%0ANetwork%20port.%20%20More%20
- ❑ 即时恢复到 Hyper-V：https://helpcenter.veeam.com/docs/backup/hyperv/instant_recovery_to_hv.html?ver=110

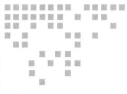

第 9 章

Veeam ONE v11a 介绍

Veeam Backup & Replication 有一个名为 Veeam ONE 的配套应用程序，可以监控虚拟化基础架构和备份服务器，本章将介绍 Veeam ONE 及其用法。我们首先讨论 Veeam ONE 的安装要求和步骤，以完成程序环境搭建，然后将了解 Veeam ONE 对不同环境的监控，如 vSphere、vCloud 和 Veeam。我们还将学习 Veeam ONE 的报告功能，并深入学习如何使用 Veeam ONE 来排除系统环境中的故障。最后我们将介绍 Veeam ONE v11a 中的功能改进。

在本章结束时，我们将能够理解什么是 Veeam ONE 以及如何安装和配置它，学会如何使用它来监控所用的虚拟化基础架构和 Veeam 环境，研究 Veeam ONE 能产生的不同类型的报告，并掌握如何用 Veeam ONE 来排除系统环境中的故障。最后我们还将了解 Veeam ONE v11a 中所做的更新。

9.1 技术要求

学到这里，你应该已经安装了 Veeam Backup & Replication。如果你从头阅读本书，则可知第 1 章内容涵盖了 Veeam Backup & Replication 的安装和优化，可以在本章学习过程中参考。完成本章内容的学习，还需要 Veeam ONE 的 ISO 文件，以安装使用该应用程序。可以从 Veeam 官方网站的下载页面获得此文件。

9.2 理解 Veeam ONE——概况

Veeam ONE 是 Veeam 可用性套件的一部分，其目的是为备份系统、虚拟化环境、物理环境提供全方位的监控和分析。Veeam ONE 将 Veeam Backup & Replication、Veeam Agents

和 Nutanix AHV 的插件、备份服务器及系统，以及 VMware vSphere 和 Microsoft Hyper-V 作为监控对象，从而为信息系统环境提供智能监控、报告输出和流程自动化等功能。它利用交互工具和智能学习，在环境中的隐患成为实际故障问题之前，就对其加以识别并解决。

Veeam ONE 的部分关键功能包括：

❏ 内建智能——能够识别常见的基础架构和软件错误配置方面的缺陷，使其在影响业务之前就得到解决。

❏ 合规管理——可以监测并报告备份及数据保护服务等级协议的合规性。

❏ 智能自动化——运用机器学习诊断和纠错操作，从而在故障发生之前更快地解决问题。

❏ 预测和规划——可预测资源的成本和利用率，以确定未来的资源需求。

除上述功能外，Veeam ONE 还提供了许多其他功能，包括：

❏ 主动告警——在其成为真正的问题之前，主动缓解潜在的威胁。

❏ 计费和账单——核算每个用户 / 组的计算和存储成本，以实现客户计费。

❏ 监测和报告——全天候监测备份系统、物理设备和虚拟化环境，支持电子邮件提醒及联动操作。

❏ 容量规划和预测——预测信息基础架构资源需求，以提前规划后续设备设施采购。

Veeam ONE 支持多种多样的系统环境，包括：

❏ Veeam Backup & Replication——监控备份服务器及系统环境。

❏ VMware——监控 vCenter、ESXi 主机、vCloud 和存储。

❏ Hyper-V——监控主机和存储。

❏ Nutanix AHV——监控基于 Veeam 的 AHV 虚拟机备份。

❏ Microsoft Windows——监控 Veeam Windows 客户端代理。

❏ Linux——监控 Veeam Linux 客户端代理。

❏ IBM AIX 和 Oracle Solaris——监控 Veeam Unix 客户端代理。

❏ AWS 和 Azure——监控基于云的资源、备份和代理。

安装后的 Veeam ONE 由两个主要组件组成，它们协同工作以提供监控和报告功能：

❏ Veeam ONE 监控器是用于监控虚拟化或物理环境以及 Veeam Backup & Replication 基础架构的主要工具。在 Veeam ONE 控制台内，可以管理、查看并与告警或监控数据互动，还可以分析虚拟化和备份基础架构组件的性能，包括跟踪、故障排除、报告生成及管理监控设置。

❏ Veeam ONE 报告管理器为整个监控环境提供仪表板和报告。它可以核查配置问题、优化资源、跟踪已实施的变化、规划容量增长，并确保关键任务相关的业务系统受到保护。

这些组件从 Veeam ONE 的 ISO 文件中被安装到一个一体式的解决方案中。它们也可用于组件分离的分布式解决方案，例如使用独立的 SQL Server 数据库。以下各节概述了基于单服务器安装的解决方案（典型部署），和各组件功能位于不同系统上的分布式解决方案（高级部署）。

9.2.1 单服务器架构——典型部署

以下是基于单服务器部署时通常会看到的情况：

❏ 较小的环境规模——Veeam ONE 服务器、Web UI（Web 用户界面）和 Monitor 客户端都安装在同一个系统中（安装在与 Veeam Backup & Replication 不同的服务器上）。

❏ 在同一台服务器上使用 SQL Server Express，由于环境规模较小因而节省了数据库系统的许可费用（内置 SQL Server Express 2016）。

❏ 虚拟化环境中需要监控的虚拟机少于 1000 台。

❏ 能够在多台机器上安装 Veeam ONE Monitor 客户端，以便多用户访问。

图 9.1 展示了单服务器架构。

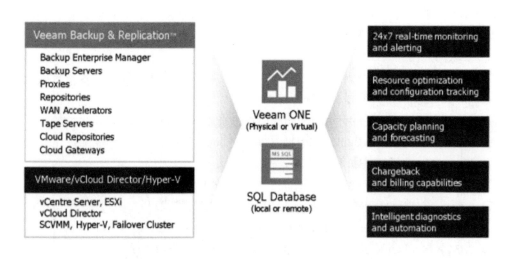

图 9.1　Veeam ONE 单服务器架构——典型部署

接下来让我们看一下高级部署。

9.2.2 分布式服务器架构——高级部署

以下是高级服务器部署中通常会看到的情况：

❏ 其服务器分布在多个站点或数据中心的企业级系统环境中。

❏ 组件独立——Veeam ONE 服务器和 Web UI 组件安装在不同的服务器上。

❏ 数据库通常是位于独立服务器上的 SQL Server 标准版 / 企业版，还可以启用 SSRS（SQL Server Reporting Services，SQL Server 报告服务），并在 Veeam ONE 中利用它来协助创建报告。

❑ 通常环境中有 1000 个以上虚拟机需要监控。

❑ 此外，可以在多个系统上安装 Veeam ONE 监控客户端，以便多用户访问。

图 9.2 展示了分布式高级部署的架构。

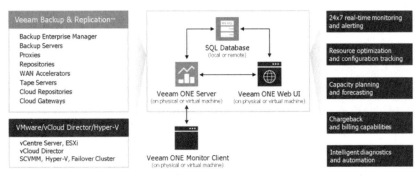

图 9.2　Veeam ONE 分布式架构——高级部署

> **重要提示**　对于较大规模的部署（1000 个以上的虚拟机），建议使用远程 SQL Server 安装。Veeam 还建议在一台专用服务器上运行 Veeam ONE 服务，采用这种类型的分布式结构能提高 Veeam ONE 服务的性能。

还需要注意的是，高级部署安装依赖于客户机 - 服务器模型进行通信和数据采集。

❑ 服务器组件从虚拟化基础架构服务器、vCloud Director 服务器和 Veeam Backup & Replication 服务器收集数据，并将这些数据存储在 SQL 数据库中。

❑ Web UI 组件（Veeam ONE Reporter）与 SQL 数据库进行通信，允许用户提取数据以创建报告。它还与 Veeam ONE 服务器进行通信，并根据其许可证的类型来确定显示哪些数据。

❑ Monitor 客户端与 Veeam ONE 服务器进行通信，以获得实时的虚拟环境、备份系统的性能数据和数据保护相关的统计信息。

> **重要提示**　要成功部署 Veeam ONE，须确保客户端组件能找到 Veeam ONE 服务器和数据库的位置，以便连接到服务器并获取 / 处理数据。

在部署 Veeam ONE 之前，需要考虑的另一件事是许可证。如果在安装期间或之后没有部署许可证，则 Veeam ONE 将以社区版（免费）模式运行。如果需要获取许可证，则有按 Socket 的许可证或按实例的许可证两种形式，下面是对两种许可证类型的说明。此外，本章 "延伸阅读" 部分包含 Veeam 官方网站关于许可的文档链接。

❑ 每 CPU 插槽授权：这种许可类型是基于环境中 VMware vSphere 或 Microsoft Hyper-V 主机所管理的 CPU 的插槽数量来计算的。虚拟化平台管理程序可以看到的每个 CPU 插槽都需要一个许可证。这种授权模式不支持客户端代理备份（包括 Linux、Windows、Unix 或 Mac 系统的客户端代理）或云备份。

❑ 每实例授权：这种许可类型以实例为基础，每个实例是分配给某个对象的单位（或令牌），使其可由 Veeam ONE 管理。这种方式是 Veeam 在扩充产品线组合、对产品授权模式进行调整之后的趋势。

此外，在监控 Veeam Backup & Replication 和 Veeam Cloud Connect 时，许可需求也是不同的。由于这两种产品运行模式不同，所以在 Veeam ONE 中也各自需要不同的许可证。此外，请注意，因为它们不能安装在同一台服务器上，所以如果需要同时监控 Veeam Backup & Replication 和 Veeam Cloud Connect，则需要有两个单独的 Veeam ONE 服务器实例。在规划 Veeam ONE 部署时，请牢记这一点！

最后，还有一些其他的部署规划和准备工作需要考虑，如支持的虚拟化平台、与 vCloud Director 的集成、与 Veeam Backup & Replication 的集成、有关限制等。请参阅本章末尾的"延伸阅读"部分的链接，以了解更多相关细节。

ℹ 重要提示 以下组件不能安装在域控制器上：Veeam ONE 服务器、Veeam ONE Web UI、Veeam ONE 数据库和 Veeam ONE 代理。此外，不支持任何使用 IPv6 寻址的网络配置。

我们现在已经介绍了什么是 Veeam ONE，哪些组件构成了基础架构，以及架构等其他信息。下一节将继续学习如何安装和配置 Veeam ONE。

9.3 学习 Veeam ONE——安装和配置

Veeam ONE 的安装是一个相当简单的过程，只需要有 ISO 文件，正如 9.1 节所述。另外，在安装之前，还需要检查以下先决条件：

❑ 检查平台和系统要求——确保所用的虚拟化平台被支持，要安装 Veeam ONE 的机器符合硬件和软件要求。如果采用组件分布在不同服务器上的高级部署模式，则需确保这些服务器也满足需求。

❑ 检查账户权限——确保将用于安装 Veeam ONE 的用户账户有足够的权限。

❑ 检查网络端口——确保在 Veeam ONE 组件、虚拟化基础架构服务器、vCloud Director 服务器和 Veeam Backup & Replication 服务器之间进行网络通信时，所有需要的端口都被允许。

❑ （可选项）预先创建 Veeam ONE 数据库——通常情况下，Veeam ONE 的安装过程会自动创建所需的 SQL 数据库。但是，有时可能需要提前创建数据库，此时可以使用 Veeam ONE 安装镜像中包含的用于创建数据库的 SQL 脚本。

还可参考"延伸阅读"部分的链接，了解与部署规划和环境准备有关的内容。

受限于实验室环境，这里我们采用典型部署的方式来进行 Veeam ONE 安装演示。正如前面所讨论的，高级部署是在将 Veeam ONE 组件分散到不同的服务器中时使用的，这取决于具体的系统环境和基础架构的条件。

对大多数企业环境来说，部署时基于预留可扩展性考虑，Veeam ONE 将作为一个服务器应用程序来发挥作用。针对较小规模的环境，则可在 Windows 7 SP1、Windows 8.1（专业版和企业版）和 Windows 10（专业版和企业版）上运行 Veeam ONE。

安装 Veeam ONE v11a

在安装 Veeam ONE 之前，需要确保部署了一台服务器，可以是 Windows Server 2016、2019 或 2022，且有足够的磁盘空间用于安装。磁盘的布局通常类似于这样：

❑ 操作系统驱动器：这是操作系统所在的地方，应该只用于此目的。

❑ 应用程序驱动器：这是用于安装 Veeam ONE 及其所有应用程序组件的驱动器。

❑ 数据库驱动器：Veeam ONE 使用 SQL Server 数据库来存储信息，所以建议将数据库文件安装到某个单独的驱动器。

❑ 性能缓存驱动器：Veeam ONE 在收集虚拟化基础架构的性能数据时，会将其存储在一个缓存文件夹中。

当服务器准备好了，而且已经下载好 ISO 文件并将其挂载之后，则可按照以下步骤进行安装：

1. 运行已挂载的 ISO 驱动器上的 `setup.exe` 文件。

2. 单击窗口左侧 Veeam ONE v11a 部分的 Install 按钮开始安装过程，或单击窗口右侧 Veeam ONE Server 标题下的 Install 链接，从而以高级部署模式来安装，并独立选择所要用到的各组件，如图 9.3 所示。

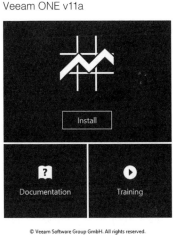

图 9.3　Veeam ONE 安装窗口

3. 安装向导的第一个窗口是许可协议界面，所以这里需勾选这两个复选框，然后单击 Next 按钮以继续，如图 9.4 所示。下一个界面是选择 Setup Type，即 Typical 或 Advanced，在向导界面的底部有一个链接，可以打开链接的网站进一步了解每一种类型，以补充 9.2 节内容之外的部分，如图 9.5 所示。

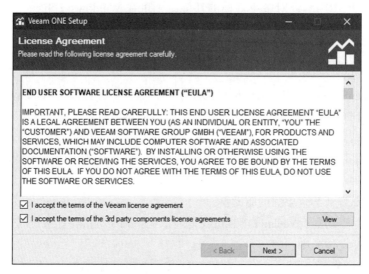

图 9.4　许可协议界面

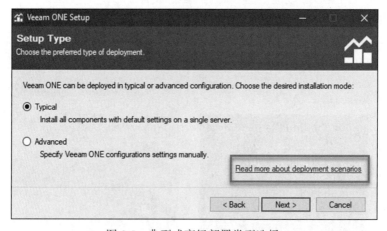

图 9.5　典型或高级部署类型选择

4. 选好了所需的部署类型，单击 Next 按钮。由于实验室的条件有限，我们在这次安装中使用 Typical 部署。现在向导来到了 System Configuration Check（系统配置检查）部分，与 Veeam Backup & Replication 安装一样，可以单击这里的 Install 按钮来部署缺少的组件或系统功能，如图 9.6 所示。

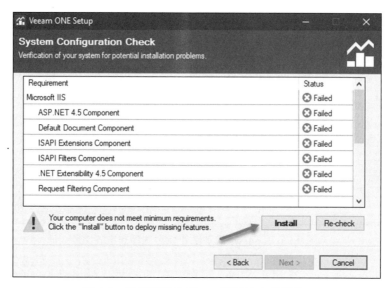

图 9.6　系统配置检查——部署缺少的组件

5. 在此单击 Install 按钮，让安装向导部署缺少的组件。完成之后，单击 Next 按钮，进入 Installation Path 界面，可选择服务器的应用程序所在驱动器，然后单击 Next 按钮继续，如图 9.7 所示。

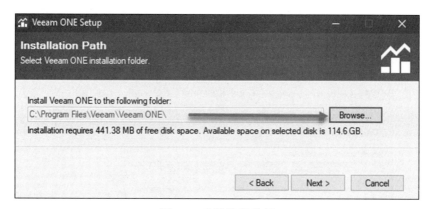

图 9.7　安装路径选择

6. 接下来的界面中，要求提供用于安装后运行 Veeam ONE Windows 服务的账户凭据，账户的权限需求在前面讨论过。可以手动输入用户名，或使用 Browse 选择用户名，然后输入密码，再单击 Next 按钮继续，如图 9.8 所示。

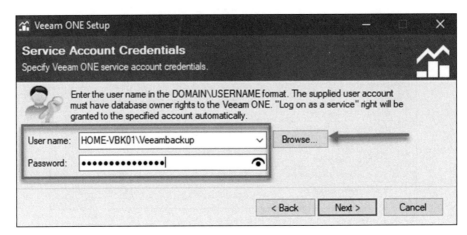

图 9.8　Windows 服务账户凭据选择和密码字段

7. 向导的下一步是配置 SQL Server 实例，在这一步，可以在本地安装 SQL Server Express，或者将安装程序引导到某个远程的 SQL Server 实例。默认的数据库名称是 VeeamONE，如图 9.9 所示，也可以对其进行修改。这里还需选择访问 SQL Server 采用的认证方法，即 Windows 认证或 SQL Server 认证。设置好了这些选项后，单击 Next 按钮继续。

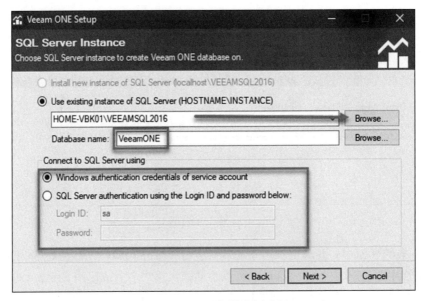

图 9.9　SQL 服务器实例选择

8. 接下来的界面是 Provide License，在这一步要指定获取到的许可证或选择以 Community Edition mode 运行。此界面中有一个链接，用于说明社区版 Veeam

ONE 的功能限制。选好合适的许可后，单击 Next 按钮继续，如图 9.10 所示。

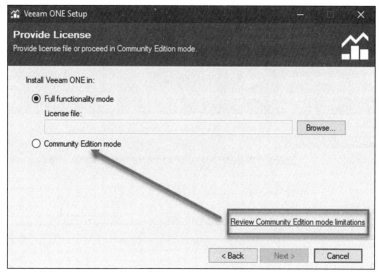

图 9.10　Veeam ONE 许可证选择

9. 现在向导来到 Connection Information 设置阶段，界面上显示了报告管理器网站端口和客户端代理端口的默认值。还需选择 HTTPS 访问所要使用的数字证书，默认为 Generate new self-signed certificate（生成新的自签名证书），或者单击下拉列表和 View certificate 按钮选择一个已安装在服务器上的数字证书，然后单击 Next 按钮继续，如图 9.11 所示。

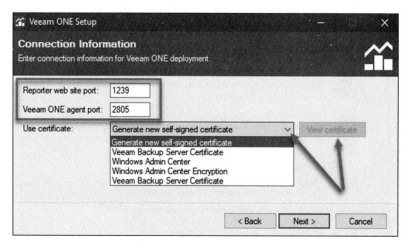

图 9.11　端口和数字证书配置

10. 现在出现的是 Performance Data Caching 设置窗口，在这里可以选择一个文件

夹，用于存储从虚拟化基础架构中收集到的性能数据。正如本节开头所说的，通常
情况下，这个缓存位于服务器中的某个单独的驱动器。设好缓存文件夹后，单击
Next 按钮，如图 9.12 所示。

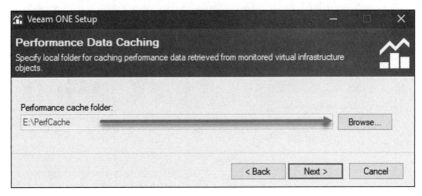

图 9.12　性能数据缓存目录

11. 接下来是 Virtual Infrastructure Type（虚拟化基础架构类型）设置，在这一步，可
以指定所用的 VMware vCenter 服务器或 Microsoft Hyper-V 主机、故障转移集群或
SCVMM（System Center Virtual Machine Manager，微软 System Center 虚拟机管理
器）服务器主机设置。也可以单击 Skip virtual infrastructure configuration（跳过虚
拟化基础架构配置）选项，以后再对其进行设置，本例中我们单击此选项，然后单
击 Next 按钮继续，如图 9.13 所示。

图 9.13　安装过程中虚拟化基础架构类型选择

12. 根据安装类型的不同，现在要选择 Data Collection Mode，即典型模式或高级模式。如果不对虚拟化基础架构进行监控，还可以选择第三个选项——Backup Data Only，这样就只监控 Veeam Backup & Replication 服务器。完成选择后单击 Next 按钮继续，如图 9.14 所示。

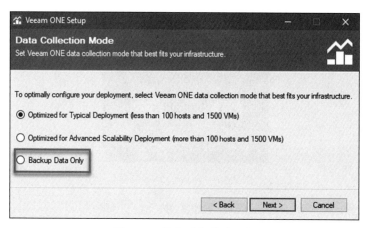

图 9.14　数据采集模式选择

13. 向导最后一步是 Ready to Install 界面，会将所有前述各向导步骤的 Veeam ONE 安装配置信息都显示出来。这里有一个复选框，即 Check for updates once the product is installed and periodically（在产品安装后检查更新并定期检查），勾选后 Veeam ONE 会定期检查软件是否有更新。单击 Install 按钮，则开始安装 Veeam ONE，如图 9.15 所示。

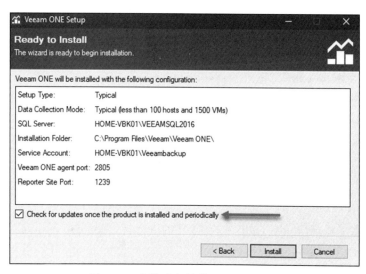

图 9.15　安装准备就绪——配置检查

本节介绍了 Veeam ONE 软件的安装，在下一节中，我们将了解如何为 VMware 和 Veeam Backup & Replication 配置监控。

9.4　掌握 Veeam ONE 监控——vSphere、vCloud 和 Veeam

安装完成之后，要启动 Veeam ONE 程序，可以双击 Windows 桌面上的图标，如图 9.16 所示。

图 9.16　Veeam ONE 图标

这些图标会启动对应的 Veeam ONE 程序组件：

- ❑ Veeam ONE Monitor——用于启动 Monitor 控制台，可以在这里配置和监控系统环境中的虚拟化基础架构、vCloud Director、Veeam Backup & Replication，并配置告警。
- ❑ Veeam ONE Reporter——用于启动 Web 浏览器，并打开 Veeam ONE 仪表板、工作区和配置界面。

第一次启动 Veeam ONE Monitor 客户端时，会出现一个小的向导，要求设置 SMTP（电子邮件）服务器和 SNMP 相关信息。图 9.17 展示了首次启动时的界面，包含了几个选项卡，可以填写完成这个向导所需内容，也可以单击 Cancel 按钮来跳过这个向导，后续使用中可在控制台中再来配置相关内容。

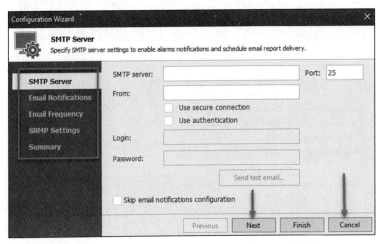

图 9.17　首次启动向导——SMTP 和 SNMP 设置

当客户端打开 Veeam ONE Monitor 时，会看到 Veeam ONE 的控制台视图，如图 9.18
所示。在这里，可以使用 Notifications 按钮启动如图 9.17 所示的通知向导。

图 9.18　Veeam ONE Monitor 控制台

控制台界面的左侧有四个选项卡：

- ❑ Infrastructure View（基础架构视图）——将服务器添加到 Veeam ONE 以后，这里
  会显示对应的 VMware、vCloud Director 或 Hyper-V 环境的信息。
- ❑ Business View（业务视图）——基于所在组织的需求和优先级，此处从业务角度显
  示虚拟化基础架构内所包含的各类虚拟机。可以按照诸如业务单位、部门、用途、
  SLA 等来对这些对象进行分组。
- ❑ Data Protection View（数据保护视图）——显示通过 Veeam Backup & Replication
  或 Veeam Cloud Connect 连接到控制台的备份服务器的视图。
- ❑ Alarm Management（告警管理）——该选项卡用于管理 Veeam ONE 的所有默认告
  警，以及自行添加的自定义告警。

要开始监控系统环境，需单击屏幕上的 Add Server 选项或工具栏上的 Add Server 按
钮。可以在任何界面状态上添加任意的服务器，因为添加操作不会影响它们的业务运行，
如图 9.19 所示。

图 9.19　控制台中添加服务器的选项

现在已经知道了如何打开 Veeam ONE 控制台，接下来让我们看看如何添加服务器并对其进行监控：

1. 单击控制台界面 Add Server 区域的任何一个选项，都可启动添加服务器向导，可以添加 VMWARE SERVER、VMWARE VCLOUD DIRECTOR、HYPER-V SERVER 或 VEEAM BACKUP & REPLICATION SERVER，如图 9.20 所示。

图 9.20　添加服务器向导

作为示例，我们将同时添加 VMware Server 和 Veeam Backup & Rreplication Server，以了解其具体过程。

2. 首先单击如图 9.20 所示的添加服务器向导中的 **VMWARE SERVER** 选项，则会出现 Add Server Wizard，如图 9.21 所示。

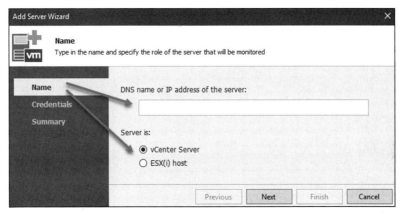

图 9.21　添加服务器向导——VMware 服务器

3. 在此界面中，输入 VMware 服务器的 DNS 名称或 IP 地址，并选择是 vCenter Server 还是 ESXi 主机，然后单击 Next 按钮继续。

4. 然后会提示输入访问 vCenter 服务器或 ESXi 主机所需的 Credentials。输入 Username、Password 后，单击 Next 按钮继续，如图 9.22 所示。

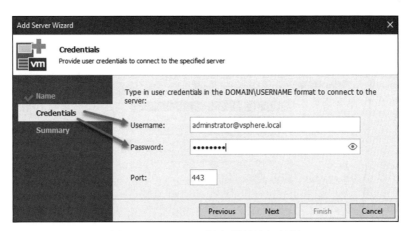

图 9.22　VMware 服务器的访问凭据

5. 向导的最后一步是 Summary，显示服务器名称和用于连接服务器的凭据信息。单击 Finish 按钮以结束向导，从而将服务器添加到 Veeam ONE 控制台的 Infrastructure View 部分中，如图 9.23 所示。

图 9.23 添加到基础架构视图中的 vCenter 服务器

现在按照同样的方式启动添加服务器向导，但本次选择图 9.20 中所示的 VEEAM BACKUP & REPLICATION SERVER 选项。输入服务器名称或 IP 地址，添加访问凭据，并完成向导，从而将备份服务器添加到控制台的 Data Protection View 中，如图 9.24 所示。

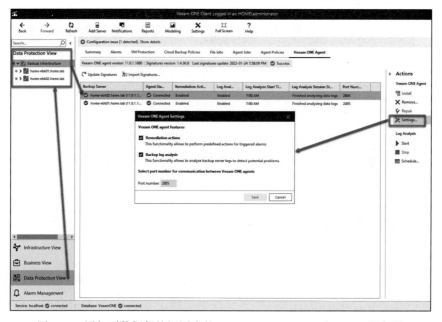

图 9.24 添加到数据保护视图中的 Veeam Backup & Replication 服务器

该界面显示了 Veeam ONE Agent 选项卡，以确认将服务器添加到 Veeam ONE 的操作正确地完成了。添加服务器到 Veeam ONE 并成功连接之后，即可开始数据采集，此时将能看到如图 9.25 所示的显示细节信息的 Summary 界面。

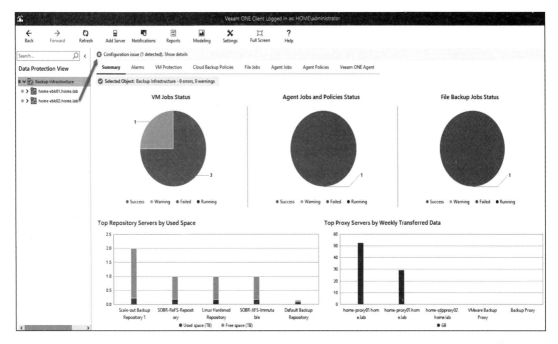

图 9.25　Veeam Backup & Replication 服务器摘要

本节完成了将虚拟服务器和 Veeam Backup & Replication 服务器添加到 Veeam ONE 的过程。在下一节中，我们将学习如何使用 Veeam ONE 监控客户端以及 Veeam ONE 的报告功能。

9.5　掌握 Veeam ONE 的报告功能

Veeam ONE 的优势之一，在于它的报告生成能力。通过它可以获得关于所添加的各种类型的系统环境的报告，包括虚拟化基础架构和备份服务器系统。Veeam ONE 内置了许多预置的报告，能适合大多数应用场景的需求。这些报告也可以根据环境中的 VMware、Hyper-V 或 Veeam Backup & Replication 的具体情况来进行调整。

部分预设置的报告按分组的方式显示在图 9.26 中。

- Nutanix AHV Protection
- Infrastructure Chargeback
- Veeam Cloud Connect
- Veeam Backup Assessment
- Veeam Backup Billing
- Veeam Backup Capacity Planning
- Veeam Backup Monitoring
- Veeam Backup Overview
- Veeam Backup Tape Reports
- Veeam Backup Agents
- Public Cloud Data Protection
- VMware Infrastructure Assessment
- VMware Overview
- VMware Monitoring
- VMware Optimization
- VMware Capacity Planning
- VMware Configuration Tracking
- Hyper-V Infrastructure Assessment
- Hyper-V Overview
- Hyper-V Monitoring
- Hyper-V Optimization
- Hyper-V Capacity Planning
- Custom Reports
- vCloud Director
- Offline Reports

图 9.26　Veeam ONE 默认的报告组

在 Veeam ONE 系统环境中，有两种方法可以访问报告：

1. 使用 Veeam ONE Monitor——可以打开监控控制台，通过突出显示控制台中的基础架构视图和数据保护视图中的某些内容，并单击工具栏中的 Reports 按钮来打开报告。

图 9.27 展示了基础架构视图。

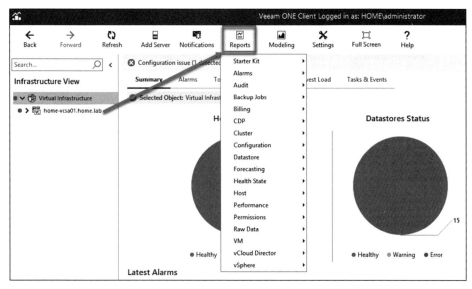

图 9.27　基础架构视图中的报告菜单

图 9.28 展示了 Data Protection View 中的 Report 菜单。

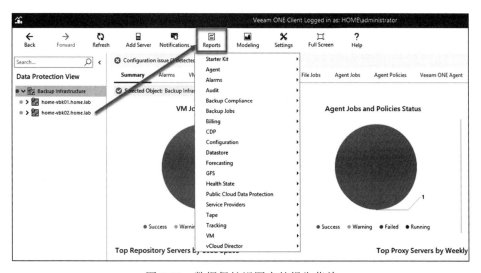

图 9.28　数据保护视图中的报告菜单

> **注意** 根据所选中视图的不同，Reports 菜单列出的虚拟化基础架构或备份相关的具体菜单项的内容也会有所不同。

2. 访问报告的另一种方式是单击 Windows 桌面上的 Veeam ONE Reporter 图标，它会启动一个 Web 浏览器界面。在 Report 选项卡中，可以看到层次结构类似于 Veeam

ONE Monitor 控制台中的报告菜单项的列表，如图 9.29 所示。

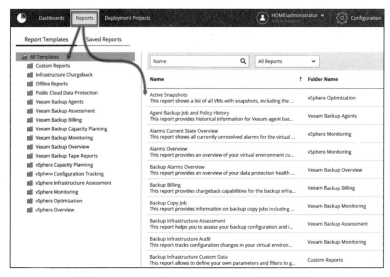

图 9.29　Veeam ONE Reporter——报告选项卡

要查看有关报告的细节，可单击报告名称的链接，输入所需参数，然后选择 Preview 或 Save，用已经输入的参数创建自定义报告。报告会被保存到 My Reports 文件夹中，还可以创建子文件夹来组织报告。图 9.30 是一个名为 Backup Infrastructure Audit（备份基础架构审计）的报告示例。

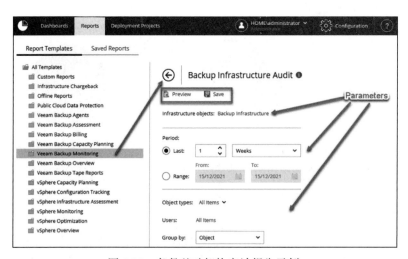

图 9.30　备份基础架构审计报告示例

介绍完 Veeam ONE 报告的基本功能，接下来是本章倒数第二个主题，即如何使用 Veeam ONE 来解决系统环境中的故障和问题。

9.6 掌握用 Veeam ONE 排除故障的方法

无论是虚拟化基础架构还是备份系统，只要涉及在相关环境中的故障排除，都是 Veeam ONE 报告功能发挥优势的场景。Veeam ONE 使用签名（与知识库中的特定问题有关）和告警来提醒你注意潜在的问题，这种机制称之为 Veeam 智能诊断。告警在 Alarm Management（告警管理）选项卡中被分为 VMware、Hyper-V 和 Backup & Replication 几个组别，如图 9.31 所示。

图 9.31　告警管理选项卡——告警分组

告警是基于事件触发的，可以采取各种方式提醒，如电子邮件（SMTP）、SNMP 或运行脚本。还可以开启自动告警模式，这样 Veeam ONE 就可以根据所创建的规则来尝试自动解决问题。自动告警的示例之一，是在告警管理的 VMware | Virtual Machine 部分，有一个名为 VM with no backup（未备份的虚拟机）的告警项，如图 9.32 所示。此项告警会检查虚拟化基础架构中所有的虚拟机，如果发现在特定的时间段内，比如说 24 小时内，备份操

作没有运行，它就会自动将其添加到某个备份作业中去。

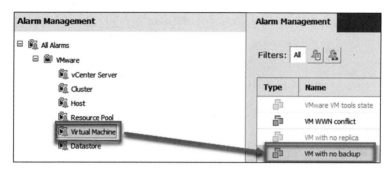

图 9.32　未备份的虚拟机告警

图 9.33 展示了自动添加备份作业的告警的属性，其中 Action 栏设置了触发告警时所要采取的操作。

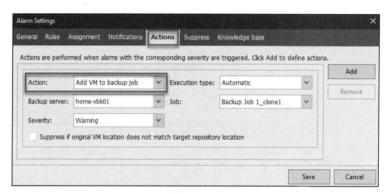

图 9.33　添加虚拟机到备份作业的动作

除了将虚拟机添加到备份作业，还有其他多个动作选项，如图 9.34 所示。

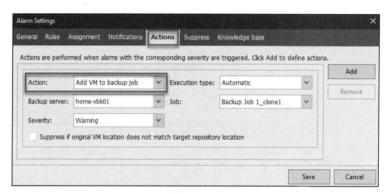

图 9.34　未备份的虚拟机告警的动作选项

结合图 9.33 和图 9.34 中的例子，让我们看看如何在 Veeam ONE Monitor 控制台中查看这些配置。首先打开 Infrastructure View 选项卡，单击并突出显示相关的服务器，则会在右侧看到实验环境中显示的 VM with no backup 告警，如图 9.35 所示。

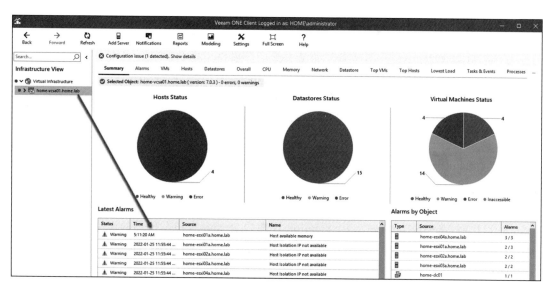

图 9.35　显示于虚拟化基础架构 vCenter 服务器上的告警

本章介绍了如何使用 Veeam ONE 来协助排除故障及补救系统环境。接下来我们来看看最后一节，关于 Veeam ONE v11a 中的增强功能，看看这次更新有些什么内容，以及哪些可以应用于你现有的系统环境。

9.7　探究 Veeam ONE v11a 的新特性

随着 Veeam ONE v11a 的发布，其更新包括新增加的主要功能、增强了对 Veeam Backup & Replication 的支持，以及其他的功能改进，让我们来看看具体都有哪些内容。

9.7.1　新增的主要功能

以下列出了在新的 Veeam ONE v11a 中所做的一些功能强化和调整：

❑ 连续数据保护（CDP）
　○ 一旦出现不合规的 CDP 策略，新的监测和告警机制会立即进行提醒，以及时补救。
　○ 报告：用于监控 CDP 策略的 SLA 报告更新后，现在可以在虚拟机 CDP SLA 合规性报告中找到。
❑ Veeam Agent for Mac 支持
　○ 支持监控和告警，以确保业务系统受 Veeam Mac Agent 的保护，且备份系统运转正常。

- ○ 支持报告：现在可以掌握哪些 MacOS 的机器得到了及时的保护，哪些没有，并知道是否达到了预期的 RPO 要求，还可以分析 Veeam Mac Agent 是否符合 3-2-1-1-0 规则。
- ❑ 新的用户界面
  - ○ 新的 Veeam ONE 网络客户端基于易用性进行了重新设计，简化了导航操作，可一键访问项目部署和配置设置操作，同时还有可自行定制的选项。
  - ○ Veeam ONE 客户端也进行了重新设计，以加强其功能并简化日常操作。

9.7.2 加强对 Veeam Backup & Replication 的支持

随着 Veeam Backup & Replication v11a 的版本更新和调整，Veeam ONE v11a 对其现有的、新增的备份和恢复功能也进行了跟进和支持：

- ❑ VMware Cloud Director（vCD）Replication 支持——监控、告警和报告。
- ❑ 强化对 Veeam Backup & Replication 管理的 Veeam 客户端代理的支持——数据库日志备份告警和报告、作业设置报告和变更审计、GFS 备份文件报告的改进、备份文件增长报告的改进、物理机预定义业务视图类别、存储在存储库中的物理机备份的可见性，以及 Veeam Agent 版本的可见性。
- ❑ SOBR 扩展式备份存储库改进——SOBR 摘要报告和配置报告的功能改进。
- ❑ UI——包括 Veeam Backup for Nutanix AHV 仅快照作业的可视化、Veeam Backup & Replication 服务器补丁级别的可见性、强化的虚拟机保护状态以及改进了的磁带服务器摘要标签。
- ❑ 告警——包括未备份的计算机、异常的工作持续时间、工作状态告警的改进及许多其他相关内容。
- ❑ 报告——租户兼容性报告、受保护的虚拟机报告，以及新的报告套件包（Starter Kit，即入门套件），使得组织可以访问 Veeam Backup & Replication 最常见的关键报告。

这些都是随着 Veeam Backup & Replication v11a 的推出而在 Veeam ONE 中进行更新的相关功能改进，下面再来看看新增的许多其他方面的改进。

9.7.3 其他功能改进

Veeam ONE v11a 中其他值得注意的功能改进如下：

- ❑ 平台支持——VMware vSphere 7 Update 1、VMware Cloud Director 10.2、Microsoft Windows 10 版本 20H2，以及 Microsoft Server 版本 20H2
- ❑ RESTful APIs——支持许可证信息、许可证管理和使用报告
- ❑ UI——改进的凭据管理、许可证使用视图和告警历史记录

❑ 告警——告警名称和知识库（Knowledge Base，KB）文章相关的多项改进
❑ 通知——加强了电子邮件通知的功能
❑ 报告——增加了上线时间报告和许可证使用报告
❑ 数据库——加强了对微软 SQL Server 数据库故障转移集群的支持
❑ 配置——简化了对虚拟机的 SSH 连接配置，增强了远程控制台连接的安全性
❑ 数据采集——改善了备份数据采集、产品用户界面和备份报告的性能
❑ 其他——支持 VMware Cloud Director 的灵活分配模型

正如上文所看到的，这个清单涉及内容相当广泛，但这并非其全部。有关 Veeam ONE v11a 所有的功能改进和新特性的完整列表，请查看以下链接：`https://www.veeam.com/veeam_one_11_0_whats_new_wn.pdf`。

9.8　了解 Veeam ONE 社区资源

请务必在 Twitter 上关注 `#VeeamONECOTD` 频道下的 Veeam ONE Catch of the Day 栏目。这是了解 Veeam ONE 的实际使用情况和 Veeam ONE 相关其他应用的一个好方法。

Veeam 产品战略团队有一些动态更新的资源提供给大家，从而可以用 Veeam Backup & Replication、Veeam ONE 和其他 Veeam 产品来做更多的事情。请务必在 Twitter 上关注 `#DRTestTuesday` 频道，以了解更多关于用 Veeam Disaster Recovery Orchestrator 来简化灾难恢复测试、规划的相关文档。

小结

本章介绍了 Veeam ONE，一个用于 Veeam Backup & Replication 监控和报告的工具。我们了解了 Veeam ONE 的概况及其功能，回顾了组成 Veeam ONE 的那些组件，并通过采用典型部署场景的方式对其进行安装；还讨论并展示了如何将 VMware 和 Veeam Backup & Replication 添加到 Veeam ONE 控制台中并对其进行监控，学习了 Veeam ONE 报告相关的内容，包括许多默认的报告模板，这些模板是根据添加到 Veeam ONE Monitor 中的服务器来安装的；还研究了如何使用 Veeam ONE 来协助排除故障及补救现有的系统环境。

最后我们还了解了 Veeam ONE v11a 的许多新增加的功能和改进的特性。

读完本章后，我们现在应该对 Veeam ONE 有了更深的了解，还知道该如何安装和设置用于监控和报告的服务器，而且能够利用 Veeam ONE 来协助完成系统环境的故障预判，还可更好地理解如何将 Veeam ONE 融入现有的系统环境。希望你能掌握 Veeam ONE 的这些新增功能和改进，以及它们是如何协助管理、监控系统环境并实现完善的备份体系的。

本书的第 10 章（也是最后一章）将详细讨论 Veeam 的另一个产品，称为 Veeam 灾难恢复编排器。

延伸阅读

- ❏ 部署方案：https://helpcenter.veeam.com/docs/one/deployment/deploy-ment_ scenarios.html?ver=110
- ❏ Veeam ONE 许可授权：https://helpcenter.veeam.com/docs/one/deployment/licensing.html?ver=110
- ❏ 部署规划与准备：https://helpcenter.veeam.com/docs/one/deployment/deployment_planning_preparation.html?ver=110
- ❏ Veeam ONE 客户端用户指南：https://helpcenter.veeam.com/docs/one/monitor/about.html?ver=110
- ❏ Veeam ONE Web 客户端用户指南：https://helpcenter.veeam.com/docs/one/reporter/about.html?ver=110
- ❏ 使用告警：https://helpcenter.veeam.com/docs/one/alarms/about.html?ver=110
- ❏ 多租户监控与报告：https://helpcenter.veeam.com/docs/one/multitenant/about.html?ver=110
- ❏ Veeam ONE 预定义报告：https://helpcenter.veeam.com/docs/one/reporter/predefined_reports.html?ver=110

Veeam Disaster Recovery Orchestrator 介绍

Veeam Backup & Replication 有个用于编排灾难恢复故障转移和测试的配套应用程序，称为 Veeam Disaster Recovery Orchestrator（Veeam 灾难恢复编排器，VDRO）。本章将介绍 Veeam Disaster Recovery Orchestrator 及其使用。我们将首先了解关于安装 VDRO 的先决条件和完成程序设置所需的步骤，学习如何配置和设置 Orchestrator 以令其上线运行，然后讨论怎样进行 DR 测试和故障转移编排，最后再深入了解 Orchestrator 中脚本、报告和仪表板的用法。

在本章结束时，我们将充分理解 Veeam Disaster Recovery Orchestrator 及其安装和配置，学习如何在当前的 Veeam 环境中配置该应用程序，进而掌握怎样使用编排计划来进行灾难恢复，最终探究 Veeam Disaster Recovery Orchestrator 的脚本、报告和仪表板的概念和应用。

10.1　技术要求

学到这里，你应该已经安装了 Veeam Backup & Replication。如果你从头阅读本书，则可知第 1 章内容涵盖了 Veeam Backup & Replication 的安装和优化，可以在本章学习过程中参考。学习应用本章的内容，还需要 VDRO 的 ISO 文件，以安装使用此应用程序。可以从 Veeam 网站的下载页面获得这个文件：`https://www.veeam.com/disaster-recovery-orchestrator-download.html?ad=downloads`。

10.2 理解 Veeam Disaster Recovery Orchestrator 的定义

Veeam Disaster Recovery Orchestrator 是 Veeam 可用性套件（即 Veeam Backup & Replication 和 Veeam ONE 的组合）中的一个独立程序。它使用 Veeam Backup & Replication 提供全面的灾难恢复编排功能。Veeam Disaster Recovery Orchestrator 使得 DR 流程能够以自动化的方式进行，从而确保以接近零的 RPO 来恢复关键任务相关的业务系统。

Veeam Disaster Recovery Orchestrator 的重要功能部分列举如下：

- ❏ 自动 DR 测试：能够创建 DR 测试编排计划，以确保业务的可恢复性。
- ❏ 动态生成文档：可以生成和创建配套 DR 文档，确保操作的便捷性和合规性。
- ❏ 避免 RPO 和 RTO 违规：通过测试 DR 编排计划，以始终保持组织的 RPO/RTO 策略合规。
- ❏ 弹性一键恢复：只需一次点击操作，即可测试或执行 DR 操作。

除上述功能外，Veeam Disaster Recovery Orchestrator 还提供了许多其他功能，包括以下这些：

- ❏ 应用程序验证：在测试灾难恢复策略的同时，也可以测试应用程序，以确保其正常运转。
- ❏ 即时测试实验室：可使用任何 DR 资源进行补丁测试，而不影响实际的生产环境。
- ❏ 基于安全角色的访问控制（Secure Role-Based Access Control，SRBAC）：可以控制并且只能为需要它的人设置访问权限，例如应用程序所有者或运营团队。
- ❏ 向导驱动的计划编排：使用内置的向导分步设置进行计划编排，从而确保 DR 计划的综合性、可自动更新，而且是可验证的。

Veeam Disaster Recovery Orchestrator 支持的应用程序环境非常多，比如下面这些：

- ❏ Veeam Backup & Replication：基于备份、复制作业和 CDP 进行 DR 编排时，所用到的主应用程序。
- ❏ VMware：支持 vCenter 集成。
- ❏ Hewlett Packard Enterprise、NetApp、Lenovo：用于编排的存储集成。
- ❏ Microsoft Exchange、SQL Server、SharePoint & Active Directory：支持应用程序编排、测试。

Veeam Disaster Recovery Orchestrator 安装后，包括以下五个主要组件，它们共同发挥作用：

- ❏ Veeam Orchestrator 服务：这是其主要服务，用于管理编排计划、用户角色和权限。
- ❏ Veeam Orchestrator Web UI：这是访问 Orchestrator 用户界面的主要接口，是基于网络的。
- ❏ Veeam Backup & Replication 服务器（嵌入式版）：包含于 Orchestrator 中，提供了 Veeam PowerShell 库，并用于支持特定的 DR 场景。

❑ Veeam ONE Server（嵌入式版）：使用 Business View（业务视图）来获取虚拟机清单，这个嵌入式版本是 Veeam ONE 的定制版，不适用于监控或虚拟机管理。

❑ SQL Server：包含了 Orchestrator 的主数据库，包括主机配置、虚拟机清单和 DR 计划设定。默认所采用的版本是 Microsoft SQL Server Express 2016 SP2。如果是在企业环境中使用，则建议在独立的服务器上安装 SQL Server 企业版，以获得最佳性能和可扩展性。

这些组件可以一起安装在同一个基于 Windows 的物理主机或虚拟机上。

> **重要提示** 如果有一台已经运行了 Veeam Backup & Replication 和 Veeam ONE 的服务器，则不支持在此同一服务器上安装 Orchestrator，最好为 Orchestrator 准备一台单独的服务器。

图 10.1 展示了 Orchestrator 的组件：

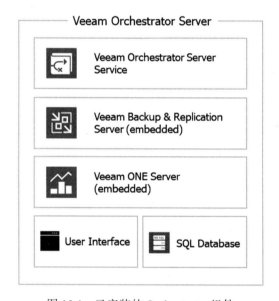

图 10.1　已安装的 Orchestrator 组件

这些组件基于一体式的解决方案，均安装自 Veeam Disaster Recovery Orchestrator 的 ISO 文件。

> **注意** 假设环境中已经有 Veeam Backup & Replication 服务器在运行，这种情况下，Veeam 建议在每台服务器上部署 Orchestrator 代理，这样就使得所有受保护的虚拟机都可以使用 DR 计划来对恢复任务进行编排。此外，另一个最佳实践是，在 DR 站点中运行 Veeam Backup & Replication 服务器，以便在生产环境站点发生故障时进行恢复。

在安装 Orchestrator 组件的同时，也支持基于成套方案的部署。以下是四个典型的实施方案：

❑ 基于复制作业的故障转移编排：Orchestrator 使用 Veeam Backup & Replication 创建的复制作业来编排实施 DR 计划，如图 10.2 所示。

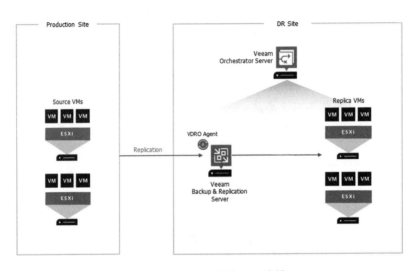

图 10.2　基于复制作业的编排

❑ 编排恢复操作：Orchestrator 将根据 Veeam Backup & Replication 中生成的虚拟机备份来编排实施恢复操作，如图 10.3 所示。

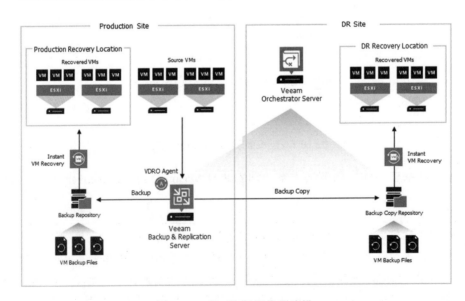

图 10.3　基于恢复操作的编排

❑ 基于存储故障转移的编排：Orchestrator 可以使用由其支持的供应商所创建的存储快照，来完成故障转移 DR 计划，如图 10.4 所示。

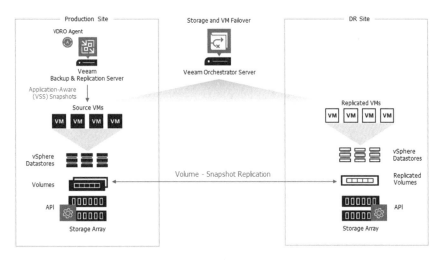

图 10.4　基于存储快照的编排

❑ 混合保护：当需要同时编排由 Veeam Backup & Replication 创建的备份虚拟机和副本虚拟机时，就会使用这种方法，如图 10.5 所示。

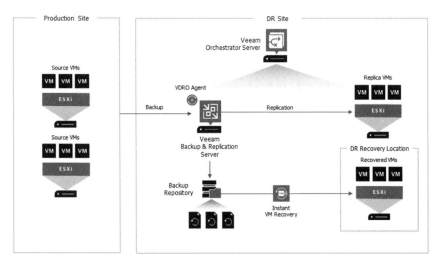

图 10.5　基于备份和副本的混合编排

请参阅本章末尾的"延伸阅读"部分，以了解有关不同方案的更多详细信息。

在部署 Veeam Disaster Recovery Orchestrator 之前，还需要考虑的另一件事情是许可证相关的问题。假设在安装期间或安装完成后没有部署许可证，在这种情况下，Veeam

Disaster Recovery Orchestrator 将以评估模式运行。如果是出于演示培训和教育目的，则还可以获取 NFR（Not For Resale，非转售）许可证。付费许可证有两种模式，即租赁许可证和订阅许可证，两种类型许可证的说明如下。另外，"延伸阅读"部分包含了 Orchestrator 网站上关于许可证相关内容的链接：

❑ 租赁许可证：这种许可类型主要是为服务提供商准备的，而非针对普通的客户/顾客。这是一种基于合同的许可证，其到期日通常是每月的最后一天加上合同开始日期之后的一个月。例如，如果合同在 8 月 22 日开始生效，那么许可证将在次年的 9 月 30 日到期。

❑ 订阅许可证：这种许可类型是为企业客户准备的完全功能许可。这种许可证有一个与之相关的期限，通常是从其发布日期起之后的 1～5 年。

此外，许可证的授权基于 Orchestrator、虚拟机、Orchestrator 代理、Veeam Backup & Replication 以及 Veeam ONE 所管理的对象。如果使用嵌入式 Veeam Backup & Replication 完成备份和复制作业，则可在控制台中安装许可证，Veeam ONE 嵌入式版本不需要许可证。在规划系统部署时，请牢记这一点！

最后，还有一些其他的部署规划和准备工作需要考虑，如支持的虚拟化平台、与 vCloud Director 的集成、与 Veeam Backup & Replication 的集成、有何限制等。请参考本章末尾的"延伸阅读"部分给出的链接，以了解更多有关细节。

我们现在已经知道了什么是 Veeam Disaster Recovery Orchestrator，其基础设施由哪些组件构成，以及其架构信息。接下来让我们来看看部署 Veeam Disaster Recovery Orchestrator 的先决条件及其安装和配置。

10.3　部署 Veeam Disaster Recovery Orchestrator 的先决条件

安装 Veeam Disaster Recovery Orchestrator 是一个非常简单的过程。首先要有 10.1 节提到的 ISO 文件。另外，在开始安装之前，还需要检查以下先决条件：

❑ 检查平台和系统要求：确保所用的虚拟平台被支持，并且准备用于安装 Veeam Disaster Recovery Orchestrator 的机器符合硬件和软件资源的需求。如果使用外部的 Microsoft SQL Server 数据库，确保它也满足要求。

❑ 检查账户权限：确保安装 Veeam Disaster Recovery Orchestrator 的用户账户有足够的权限。

❑ 检查端口：确保所有需要的网络端口均已开放，以便在 Veeam Disaster Recovery Orchestrator 组件、虚拟化基础架构服务器和 Veeam Backup & Replication 服务器之间进行通信。

❑ 角色：为系统所需的用户规划、分配对应的角色。

在部署 Orchestrator 时，另一个要考虑的因素是要连接的虚拟化主机的数量。图 10.6

展示了基于主机数量的对 Orchestrator 服务器所需 CPU 和内存资源的要求。

虚拟化主机数量	100	100～500	500～1000	>1000
CPU	6 vCPUs（最小）～8 vCPUs（推荐）Orchestrator 服务器 4 vCPUs（最小）～8 vCPUs（推荐）Microsoft SQL Server 和 Veeam ONE 数据库	8 vCPUs（最小）～12 vCPUs（推荐）Orchestrator 服务器 8 vCPUs（最小）～12 vCPUs（推荐）Microsoft SQL Server 和 Veeam ONE 数据库	12 vCPUs（最小）～16 vCPUs（推荐）Orchestrator 服务器 12 vCPUs（最小）～16 vCPUs（推荐）Microsoft SQL Server 和 Veeam ONE 数据库	>16 vCPUs Orchestrator 服务器 >16 vCPUs Microsoft SQL Server 和 Veeam ONE 数据库
内存	6GB（最小）～8GB（推荐）Orchestrator 服务器 4GB（最小）～8GB（推荐）Microsoft SQL Server 和 Veeam ONE 数据库	8GB（最小）～40GB（推荐）Orchestrator 服务器 8GB（最小）～40GB（推荐）Microsoft SQL Server 和 Veeam ONE 数据库	40GB（最小）～70GB（推荐）Orchestrator 服务器 40GB（最小）～70GB（推荐）Microsoft SQL Server 和 Veeam ONE 数据库	>70GB Orchestrator 数据库 >70GB Microsoft SQL Server 和 Veeam ONE 数据库
硬盘空间	50GB 用于产品安装，并且有足够的磁盘空间用于 Microsoft SQL Server 和 Veeam ONE 数据库（如果在本地安装）。使用 Veeam ONE 数据库计算器调整应用程序数据大小			

图 10.6　虚拟化主机的数量和 Orchestrator 服务器对应的资源规模

请参阅"延伸阅读"部分的链接，了解 Orchestrator 部署规划和准备相关的内容。

在了解了部署应用 Orchestrator 的先决条件之后，现在让我们来学习应用程序的安装过程。这里我准备了一个虚拟机用于此次安装，并在该虚拟机中安装了所有的 Orchestrator 组件，包括 Microsoft SQL Server Express。

安装 Veeam Disaster Recovery Orchestrator

在安装 Veeam Disaster Recovery Orchestrator 之前，需要确保已经部署了一台服务器，无论是 Windows Server 2016 还是 2019，且有足够的磁盘空间用于安装，其系统磁盘布局应类似于以下这样：

❑ 操作系统驱动器：这是操作系统所在的地方，应该只用于此目的。

❑ 应用程序驱动器：这是用于安装 Veeam Disaster Recovery Orchestrator 及其所有应用程序组件的驱动器。

❑ 数据库驱动器：Veeam Disaster Recovery Orchestrator 使用 SQL Server 数据库来存储其信息，所以建议将数据库文件安装在一个单独的驱动器上。

服务器准备好了，然后下载并挂载 Orchestrator 的 ISO 文件之后，即可按照以下步骤进行安装：

1. 在挂载好的 ISO 驱动器上运行 `setup.exe` 文件。单击界面左侧 Orchestrator 图标下的 Install 按钮，如图 10.7 所示。

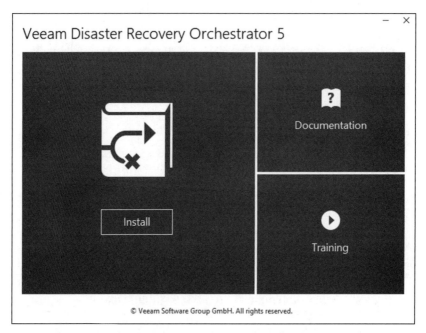

图 10.7　Veeam Disaster Recovery Orchestrator 5 的安装界面

2. 单击 Install 按钮后，可能会提示需要安装 Microsoft Visual C++ 2019 分发包作为先决条件。单击 OK 按钮继续此分发包的安装，如图 10.8 所示。

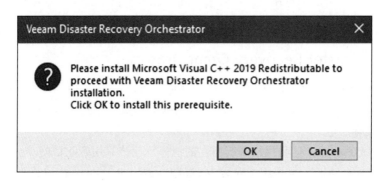

图 10.8　安装先决条件 Visual C++ 分发包

3. 完成这步安装后，安装向导将继续往下执行。在 Microsoft Visual C++ 2019 分发包装好之后，出现的第一个界面是 License Agreement 窗口，这里需要勾选两个复选框，接受相关许可协议，并单击 Next 按钮继续向导过程，如图 10.9 所示。

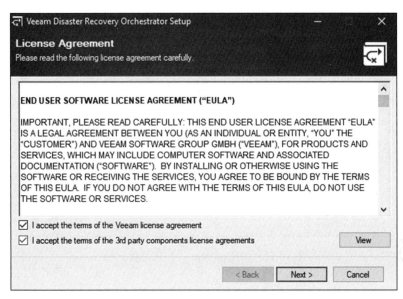

图 10.9　许可证协议窗口

4. 下一步安装用于 Orchestrator 的各组件，如图 10.10 所示。

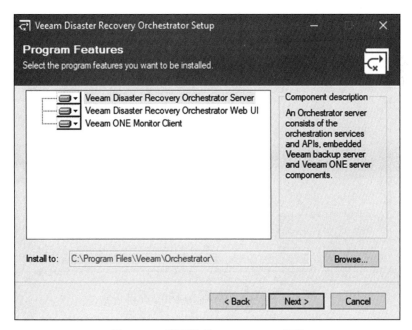

图 10.10　要安装的 Orchestrator 组件

5. 单击 Next 按钮以继续，然后会提示需要 Orchestrator 的许可证文件，这里可以单击
Browse 按钮来选择准备好的许可证文件，如图 10.11 所示。

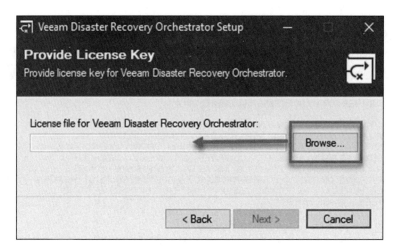

图 10.11 Orchestrator 许可证文件选择

6. 选择了许可证文件后，单击 Next 按钮，进入 System Configuration Check 步骤。界面上将列出所有不满足的系统功能相关的先决条件，单击 Install 按钮对其进行安装，然后单击 Next 按钮继续，如图 10.12 所示。

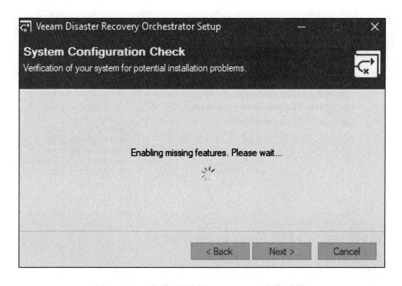

图 10.12 安装所需的 Windows 系统功能

7. 然后就能看到运行 Veeam Disaster Recovery Orchestrator 的 Windows 服务所需的 Service Account 凭据设置页面。输入用户名或单击 Browse 按钮选择某用户，再输入用户密码，单击 Next 按钮即可继续，如图 10.13 所示。

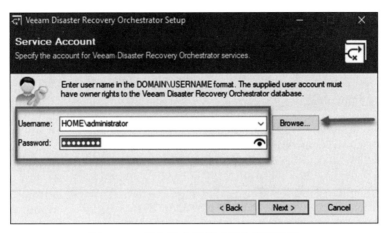

图 10.13　服务账户凭据选择和密码设置

8. 下一个界面是 Default Configuration，在这一步可以查看安装相关的具体设置，如果认同默认值，可直接单击 Next 按钮。如果需要改变设置，则勾选 Let me specify different settings（让我指定不同的设置）旁边的方框，然后单击 Next 按钮继续，如图 10.14 所示。

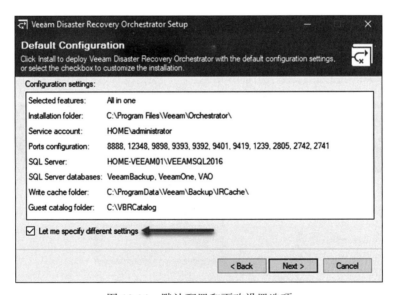

图 10.14　默认配置和更改设置选项

9. 本例中，我们勾选了 Let me specify different settings，下一个界面则需设置 SQL Server Instance。在此界面中可指定一个新的 SQL Server Express 实例，或选择一个现有的 SQL Server 实例，比如采用某个独立服务器上的 SQL Server 企业版。另外，这里还可选择 SQL Server 所使用的认证类型。选择了合适的设置之后，单击

Next 按钮继续安装过程，如图 10.15 所示。

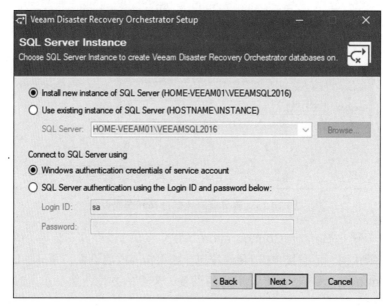

图 10.15　SQL 服务器实例设置

10. 接下来是设置 SQL Server Database 的窗口，该界面显示了要用到的各数据库的默认名称，在此可以点击其名称字段来改变默认值或保持原值。确认当前设置后，单击 Next 按钮继续，如图 10.16 所示。

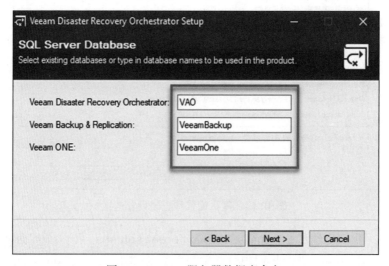

图 10.16　SQL 服务器数据库命名

11. 然后出现的是 Ports Configuration 界面，在这个界面中可以修改 Orchestrator 应用程序所使用的网络端口。通常情况下，采用默认的端口即可。检查各端口设置无误后，单击 Next 按钮继续，如图 10.17 所示。

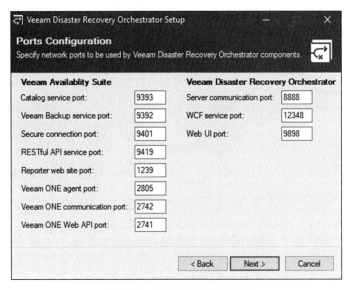

图 10.17　网络端口配置界面

12. 接下来是 Certificate Selection 界面。本例中，在这一步只能使用默认的 Generate new self-signed certificate（生成新的自签名证书）选项，然后单击 Next 按钮继续安装，如图 10.18 所示。

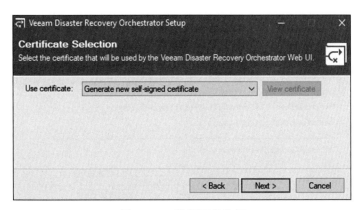

图 10.18　数字证书选择

13. 现在要为与已安装的 Veeam Backup & Replication 和 Veeam ONE 相关的组件选择数据存储路径，如 10.2 节内容所述。在对路径进行必要的调整后，单击 Next 按钮继续，如图 10.19 所示。

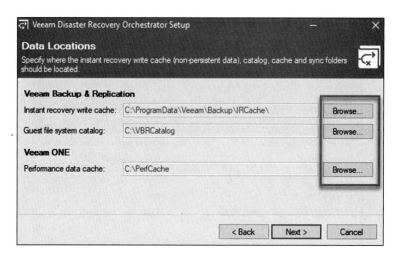

图 10.19　组件安装的数据路径

14. 向导这一步显示了 Ready to Install 信息，其内容包含了前面各步骤中 Veeam Disaster Recovery Orchestrator 安装相关的配置。确认各项设置的内容后，单击 Install 按钮，即可开始安装，如图 10.20 所示。

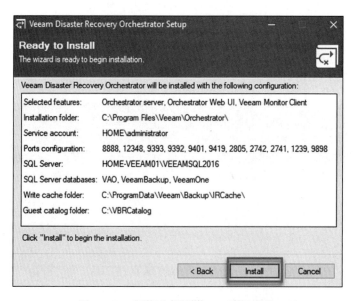

图 10.20　安装准备就绪——配置审核

本节介绍了 Veeam Disaster Recovery Orchestrator 软件的安装过程，在下一节中，我们将探讨如何配置 Orchestrator。

10.4　掌握 Veeam Disaster Recovery Orchestrator 的配置方法

安装完成后，要启动 Veeam Disaster Recovery Orchestrator，只需双击 Windows 系统桌面上的图标，如图 10.21 所示。

图 10.21　Veeam Disaster Recovery Orchestrator 的图标

这些图标会启动与 Veeam Disaster Recovery Orchestrator 一起安装的各应用程序：

❑ Veeam Backup & Replication Console：启动与 Orchestrator 一起使用的 Veeam Backup & Replication 的嵌入式版本。

❑ Veeam ONE 客户端：启动与 Orchestrator 一起使用的其他嵌入式应用程序。

❑ Veeam Disaster Recovery Orchestrator：启动所要用到的 Orchestrator 的主程序。

在第一次启动 Veeam Disaster Recovery Orchestrator 时，打开的 Web 浏览器界面中，会提示需要登录，如图 10.22 所示。

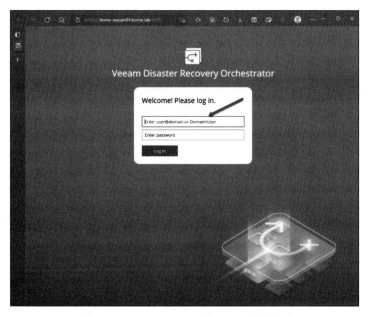

图 10.22　Orchestrator 的 Web 登录界面

键入用户名和密码，然后单击 Login in 按钮。

当 Veeam Disaster Recovery Orchestrator 客户端打开时，可看到 Orchestrator 的初始配置向导，如图 10.23 所示。

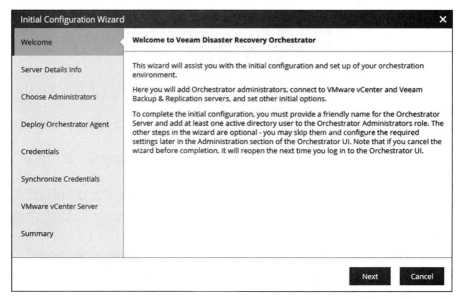

图 10.23　Orchestrator 初始配置向导

在初始配置向导中，有七个选项卡，分别对应以下内容：

❑ 服务器详细信息：在这里输入服务器相关的详细信息，包括它的名字和描述，以及联系人信息。这些细节内容将显示在后续生成的报告中。

❑ 选择管理员：用于选择将对 Orchestrator 服务器进行管理的用户或组。如果当前没有对应的用户，可以添加当前运行该应用程序的用户作为管理员。

❑ 部署 Orchestrator 代理：需要提供 Veeam Backup & Replication 服务器或 Veeam Backup Enterprise Manager 服务器，以在其上部署 Orchestrator 代理。

❑ 凭据：用于 Orchestrator 代理和访问相关服务器所需的凭据。

❑ 同步凭据：该选项将获取 Veeam Backup & Replication 服务器上所管理的凭据，以便与 Orchestration DR 计划一起用于应用程序验证。

❑ VMware vCenter 服务器：需在此输入 vCenter 服务器的详细信息，包括其 FQDN 和所要使用的凭据。

❑ 摘要：这个界面以摘要形式显示了前几步设置中除了凭据以外的详细信息列表。

检查核对完摘要界面中所有的细节内容后，即可单击 Finish 按钮来结束初始配置向导过程，如图 10.24 所示。

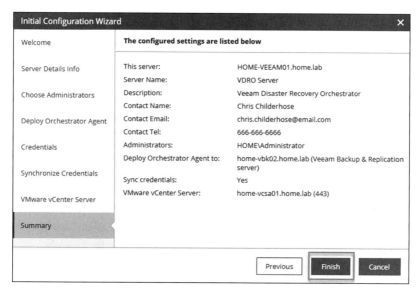

图 10.24　初始配置向导的摘要窗口

　　初始配置向导完成后会保存所输入的详细设置信息，之后则可看到 Orchestrator 仪表板选项卡，如图 10.25 所示。

图 10.25　Veeam Disaster Recovery Orchestrator 仪表板

　　本节学习了 Orchestrator 的初始配置过程的相关内容，在下一节中，我们将使用编排计划来进行灾难恢复测试和故障转移操作。

10.5 掌握基于编排计划的 DR 实施

关于编排故障转移和灾难恢复，Orchestrator 主要用到了四种计划方案：

❑ 复制计划：这些计划使用复制作业来进行故障转移。

❑ CDP 复制计划：如果在 Veeam Backup & Replication 中配置了 CDP 作业，这种方案可用于创建故障转移计划。

❑ 恢复计划：这类计划与备份作业一起使用，可以将虚拟机恢复到其备份时所处的原始位置或其他位置。

❑ 存储计划：这种计划可以实现基于存储快照的编排和故障转移。

为了创建编排计划，嵌入式 Veeam ONE 应用程序会根据收集到并分类后的数据来创建虚拟机组。正如图 10.21 中列出的图标所示，那里有 Veeam ONE 客户端的快捷方式供使用。

由 Veeam ONE 创建的虚拟机组，是根据 vCenter Server 标签、vSphere 标签，或自定义 Veeam ONE 类别来进行分类的。

现在我们来看看如何设置一个 CDP 复制计划，该计划将使用当前的 CDP 作业，针对由 CDP 作业创建的虚拟机副本来编排故障转移：

1. 首先双击 Windows 桌面上的 Veeam Disaster Recovery Orchestrator 图标来启动 Orchestrator 仪表板，然后登录到其 Web 界面。进入后，单击页面左边的 **Orchestration Plans**，然后在 **Manage** 下拉列表中选择 **New** 菜单，如图 10.26 所示。

图 10.26　仪表板中的编排计划

2. 单击 New 菜单后，就会出现 New Orchestration Plan 向导，然后按向导提示逐步填写所需信息即可。在这个界面中，请填写所需的详细信息，包括 Plan Name、Description 和联系人详细信息，然后单击 Next 按钮进入 Plan Type 设置界面，如图 10.27 所示。

3. 在这一步需选择计划的类型，在我们这个例子中选的是 CDP Replica，如图 10.28 所示。

图 10.27　新建编排计划向导

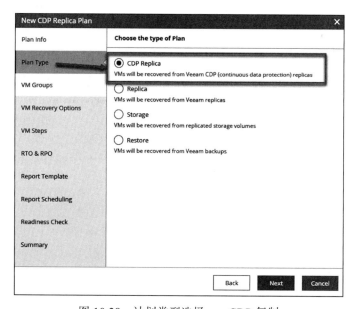

图 10.28　计划类型选择——CDP 复制

4. 单击 Next 按钮后，向导来到 VM Groups 选项卡，在这里能看到已列出现有的 CDP 备份作业，可使用界面中间的 Add 按钮将其添加到 Plan Groups 中，如图 10.29 所示。一旦添加完毕，单击 Next 按钮继续。

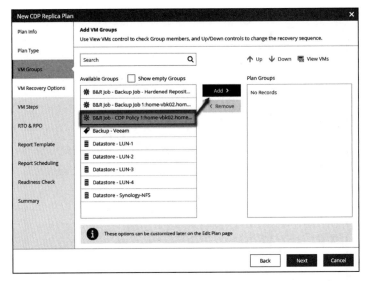

图 10.29　将 CDP 作业添加到复制计划中

5. 接下来的界面是 VM Recovery Options，可以选择 DR 过程中遇到错误时如何处置。设置是 Halt the plan（终止计划），还是 Proceed with the plan（继续执行计划），然后设置是 In parallel（并行处理）虚拟机组，还是 In sequence（依次处理）虚拟机组，以及同时处理的虚拟机的数量。单击 Next 按钮继续并保留其余的默认选项，如图 10.30 所示。

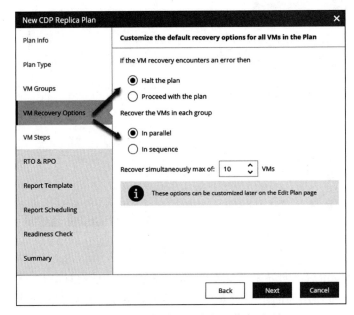

图 10.30　恢复计划的虚拟机恢复选项

6. 下一步是 VM Steps 设置，可以选择成功完成编排计划所要进行的虚拟机操作步骤。根据要测试的内容的不同，有各种选项可以选择，同时还取决于包括应用程序在内的具体编排计划。在本例中，我们保留两个默认选项，并单击 Next 按钮进入 RTO 和 RPO 设置界面，如图 10.31 所示。

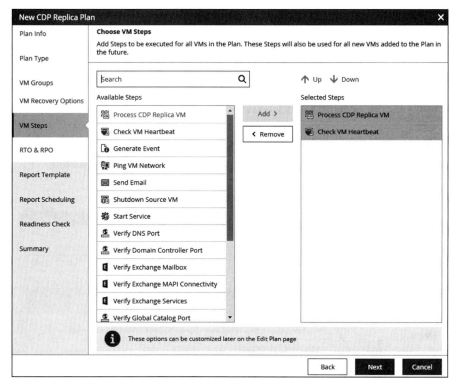

图 10.31　执行编排计划的虚拟机操作步骤

7. 接下来的界面中定义了故障转移计划的目标 RTO 和 RPO。本例中我保留了 RTO 的默认值 1 小时、RPO 的默认值 15 秒。实际应用环境中需注意确保这里设置的 RPO，应当与 Veeam Backup & Replication 中配置的 CDP 作业的 RPO 相一致。单击 Next 按钮继续，如图 10.32 所示。

8. 接下来的界面用于选择报告模板，以及期望的文档格式是 PDF 文件还是 Word 文档（.DOCX）。在启动本向导之前，可先克隆 Veeam 的默认模板，以其为基础创建自定义的报告，我们在这个例子中使用 Veeam Default Template，并选用 PDF 格式，然后单击 Next 按钮继续向导，如图 10.33 所示。

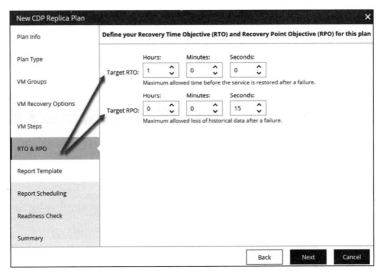

图 10.32 编排计划的 RTO 和 RPO 设置

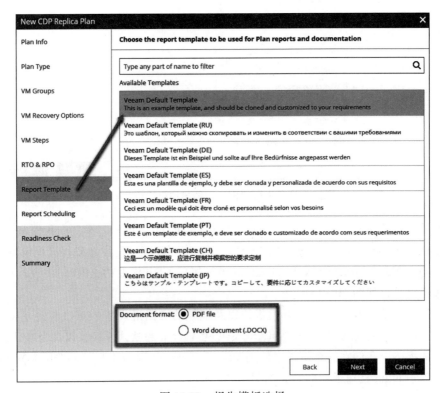

图 10.33 报告模板选择

9. 选择报告后，接下来要设定为编排计划自动生成报告的时间，这些选项默认都是勾上的，这里直接单击 Next 按钮以继续，如图 10.34 所示。

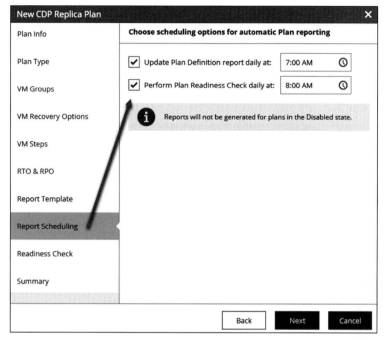

图 10.34　报告任务计划——自动生成计划报告

10. 下一步是 Readiness Check，可以让 Orchestrator 检查新创建的编排计划，以确保它已准备好执行。让该复选框保持勾选状态，单击 Next 按钮继续，如图 10.35 所示。

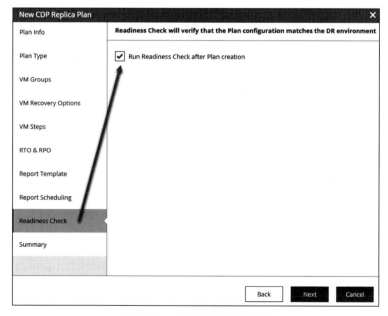

图 10.35　编排计划就绪检查

11. 最后一个界面是 Summary，显示了编排计划的详细信息。单击 Finish 即开始创建本次新建的编排计划。

在本例中，接下来的过程将创建设定的 CDP 复制计划，如图 10.36 所示。注意图 10.37 中它处于禁用状态，并在创建后运行准备就绪检查。要启用编排计划，可右击该计划，选择 Manage 菜单，然后选择 Enable。

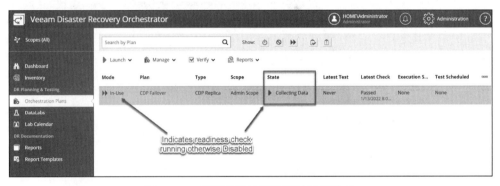

图 10.36　创建编排计划并运行就绪检查

图 10.37　启用编排计划

启用编排计划后，可以对其进行验证，只要计划中的设置与 Veeam Backup &

Replication 服务器中作业的 CDP 设置相匹配，验证结果就会显示成功。例如，RPO 的默认值为 15 秒，这与本例 Veeam Backup & Replication 中我的 CDP 作业所设定的 RPO 为 15 分钟不匹配，所以当运行检查时会得到一条告警信息。在将编排策略修改为 15 分钟的 RPO 后，它现在显示检测成功，即与我的 CDP 作业是匹配的，如图 10.38 所示。

图 10.38　经过验证的编排计划

最后一步是测试和运行编排计划，但是，本书将不会涉及这一内容，这是有充分的理由的，我们马上来看看具体的原因。实际系统环境中可行的建议是，可以先在组织中选择某个应用程序，并用 Orchestrator 新建一个编排计划，用某个相对简单的应用程序建立一套成功的模型，然后在内部测试这个计划模型。再用另一个应用程序测试整个过程，然后再针对一个可能更复杂的应用程序来进行编排计划部署。通过 Orchestrator，可以以小步前进的方式逐步建立有效的编排计划的模型。

本部分内容完成了对 DR 编排计划的研究，最后一节我们将探讨脚本、报告和仪表板。

10.6　探究脚本、报告和仪表板

通过 Veeam Disaster Recovery Orchestrator，可以利用脚本、生成报告和查看不同的仪表板来学习其他功能，以获得有关系统环境就绪情况的整体状态。让我们简单了解一下 Orchestrator 中的这些新增的功能。

10.6.1　脚本

Orchestrator 允许添加自定义脚本，这些脚本可以与编排计划一起运行，以对 DR 过程进行测试。为了实现这个功能，必须先将脚本上传到 Orchestrator 控制台，然后就可以将其作为一个操作步骤来进行选择，如图 10.39 所示。

Orchestrator 对使用自定义脚本有一些要求：

❑ 脚本只能使用 PowerShell 格式，因为这是 Veeam Disaster Recovery Orchestrator 所支持的。

❑ 如果在虚拟机客户操作系统内运行脚本，则需要确保系统内安装了 PowerShell 3.0 和 .NET Framework 4.0，这样脚本才能被正确地执行。

❑ 在 Veeam Backup & Replication 服务器上运行脚本不需要额外的软件，因为 PowerShell 已经在系统内安装了。

要上传脚本，须在管理仪表板的 **Plan Steps** 栏目下添加该脚本，如图 10.39 所示。关于脚本的更多信息，请参考章末"延伸阅读"部分相关内容。

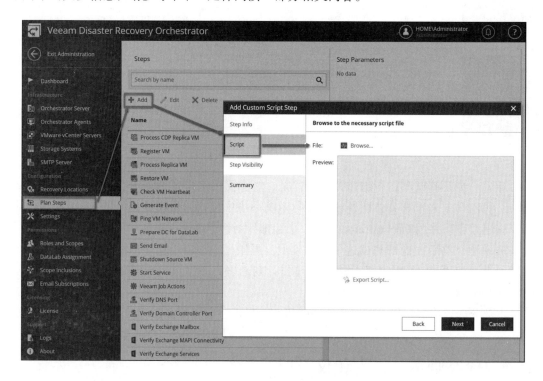

图 10.39　添加用于编排计划的自定义脚本

介绍完自定义脚本，让我们再来看看 Veeam Disaster Recovery Orchestrator 的报告功能。

10.6.2　报告

Veeam Disaster Recovery Orchestrator 可以根据特定的编排计划生成各种报告。系统内置了一些默认的报告模板，可以克隆它们来创建自定义报告模板。注意，实现这个功能需要系统里安装 Microsoft Word 来对模板进行编辑。当通过 Orchestrator 发送报告时，报告会以 PDF 或 DOCX 文件的形式附在邮件通知中。

可以生成报告的内容包括以下这几种：

❑ 在运行编排计划时，收集恢复过程有关的摘要信息。

❑ 在运行计划之前验证编排计划的配置，以确保没有错误出现。

❑ 查看编排计划的测试和执行结果。

在 Orchestrator 控制台中，有三个与报告功能相关的操作界面，即设置报告选项、管理报告模板和查看报告。右击编排计划，然后选择报告选项，可以从编排计划选项卡上完成报告的生成。

图 10.40 展示了 Report detail level 设置，图 10.41 是报告模板管理，在这里可以克隆默认的 Veeam 报告并创建自定义报告。

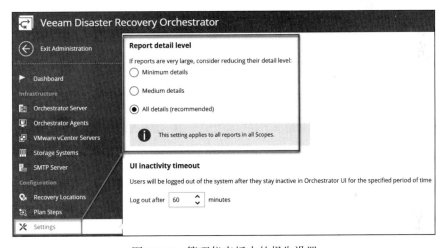

图 10.40　管理仪表板中的报告设置

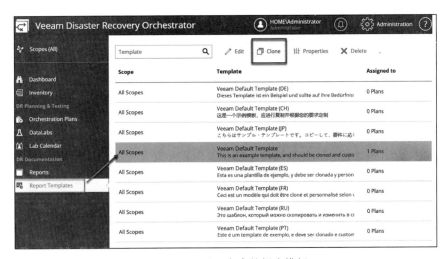

图 10.41　用于克隆的报告模板

图 10.42 展示了控制台的报告部分，在这里可以查看系统生成的报告。

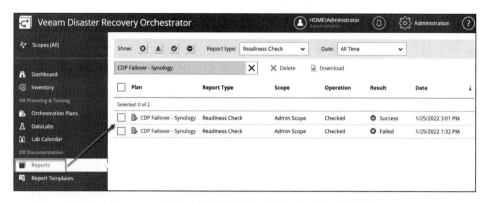

图 10.42　控制台的报告部分，用于查看生成的报告

最后介绍一下报告生成，图 10.43 展示了如何从编排计划中生成报告，以便在报告选项卡中查看。有关报告的更多信息，请参考"延伸阅读"部分相关内容。

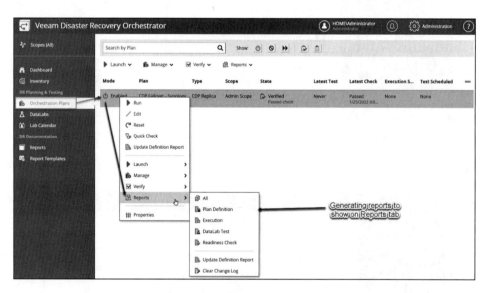

图 10.43　为编排计划生成报告

了解 VDRO 系统中报告相关的功能之后，现在我们来看看最后一个主题：仪表板。

10.6.3　仪表板

在 Orchestrator 控制台中，有两个仪表板可以看到系统的整体配置和 DR 操作的准备情况。这两个仪表板分别是：

❑ 管理仪表板：显示并跟踪 Veeam Disaster Recovery Orchestrator 基础架构的健康状

况，并列出所有潜在的问题。

❑ 主页仪表板：这是登录系统时看到的主仪表板，它会对系统环境进行 DR 操作的准备情况进行分析。

两个仪表板如图 10.44 所示，显示了系统整体的健康状况。

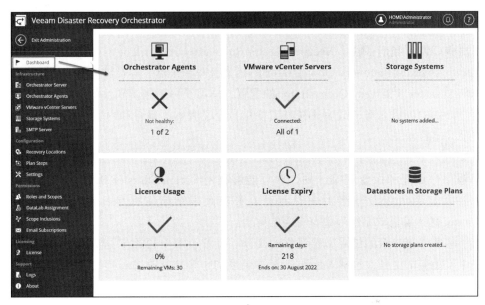

a）

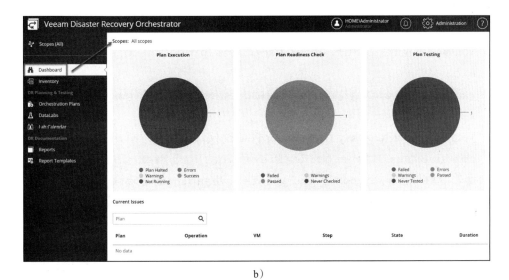

b）

图 10.44　两个仪表板（a 为管理仪表板，b 为主页仪表板）

本节介绍了脚本、报告和仪表板，同时也来到了本章的结尾。现在我们对本章所了解和学习到的内容进行一下小结。

小结

本章介绍了 Veeam Disaster Recovery Orchestrator，这是一个 DR 测试和执行工具，用于对 Veeam Backup & Replication 作业进行故障转移和恢复操作，所支持的作业类型包括备份、复制和 CDP。我们了解了 Veeam Disaster Recovery Orchestrator 的概况和它的功能，回顾了 Veeam Disaster Recovery Orchestrator 的相关组件并介绍了其安装步骤，还演示并讨论了 Veeam Disaster Recovery Orchestrator 的配置，学习了用于测试和执行 DR 故障转移和恢复的编排计划的创建流程，最后还探究了使用自定义脚本、报告和内置仪表板来审查系统整体健康状况的方法。

阅读本章后，我们应该对 Veeam Disaster Recovery Orchestrator 有了更深入的了解，还能掌握如何创建和设置编排计划，而且能够利用 Veeam Disaster Recovery Orchestrator 来进行故障转移和恢复场景的灾难测试。希望大家对如何将 Veeam Disaster Recovery Orchestrator 融入自己的系统环境有更深的体会。

本章是本书第二版的结尾，感谢你的阅读。我希望本书的内容能使你受益，助你灵活运用书中所涵盖的主题，包括 Veeam 产品中新增的许多功能改进和特性，充分理解和运用其内容来配置自己的系统环境。

延伸阅读

❏ Veeam 版本比较：https://www.veeam.com/products-edition-comparison.html

❏ 部署方案：https://helpcenter.veeam.com/docs/vdro/userguide/deployment_scenarios.html?ver=50

❏ Veeam Disaster Recovery Orchestrator 许可授权：https://helpcenter.veeam.com/docs/vdro/userguide/licensing.html?ver=50

❏ 部署计划和准备：https://helpcenter.veeam.com/docs/vdro/userguide/system_requirements.html?ver=50

❏ Veeam Disaster Recovery Orchestrator 用户指南：https://helpcenter.veeam.com/docs/vdro/userguide/welcome.html?ver=50

❏ Veeam Disaster Recovery Orchestrator UI（用户界面）：https://helpcenter.veeam.com/docs/vdro/userguide/accessing_vdro_ui.html?ver=50

❏ 配置 Veeam Disaster Recovery Orchestrator：https://helpcenter.veeam.com/docs/vdro/userguide/configuring_vdro.html?ver=50

❑ 使用编排计划：https://helpcenter.veeam.com/docs/vdro/userguide/
working_with_orchestration_plans.html?ver=50

❑ 使用自定义脚本：https://helpcenter.veeam.com/docs/vdro/userguide/
adding_custom_scripts.html?ver=50

❑ 生成报告：https://helpcenter.veeam.com/docs/vdro/userguide/
generating_reports.html?ver=50

❑ 审查仪表板：https://helpcenter.veeam.com/docs/vdro/userguide/
reviewing_dashboards.html?ver=50

推荐阅读